高等院校药学类专业
创新型系列教材

供药学、药物制剂、临床药学、制药工程、中药学、医学检验、医药营销及相关专业使用

分析化学实验

主　编　李云兰　信建豪
副主编　韦国兵　王浩江　魏芳弟
编　者　（按姓氏笔画排序）
王浩江　山西医科大学
韦国兵　江西中医药大学
牛　琳　天津医科大学临床医学院
冯婷婷　山西中医药大学
李云兰　山西医科大学
岑　瑶　南京医科大学
陈建平　内蒙古医科大学
信建豪　黄河科技学院
曹洪斌　川北医学院
魏芳弟　南京医科大学

華中科技大學出版社
http://www.hustp.com
中国·武汉

内容简介

本书是高等院校药学类专业创新型系列教材。全书分为四个部分，包括分析化学实验基本知识、化学分析实验、仪器分析实验以及综合设计实验等内容。

本书根据最新教学改革的要求和理念，结合我国高等院校药学发展的特点，按照相关教学大纲的要求编写而成。本书以二维码的形式增加了网络增值服务，内容包括教学PPT课件、知识链接、知识拓展等，提高了学生学习的趣味性，有助于更好地培养学生自主学习的能力。

本书可供药学、药物制剂、临床药学、制药工程、中药学、医学检验、医药营销及相关专业使用。

图书在版编目(CIP)数据

分析化学实验/李云兰，信建豪主编. —武汉：华中科技大学出版社，2020.8（2023.8重印）
ISBN 978-7-5680-6510-8

Ⅰ.①分… Ⅱ.①李… ②信… Ⅲ.①分析化学-化学实验-高等学校-教材 Ⅳ.①O652.1

中国版本图书馆CIP数据核字(2020)第154836号

分析化学实验 李云兰 信建豪 主编
Fenxi Huaxue Shiyan

策划编辑：余 雯
责任编辑：李 佩
封面设计：原色设计
责任校对：张会军
责任监印：周治超
出版发行：华中科技大学出版社(中国·武汉) 电话：(027)81321913
武汉市东湖新技术开发区华工科技园 邮编：430223
录 排：华中科技大学惠友文印中心
印 刷：武汉市洪林印务有限公司
开 本：889mm×1194mm 1/16
印 张：10.75
字 数：294千字
版 次：2023年8月第1版第2次印刷
定 价：38.00元

高等院校药学类专业创新型系列教材
编委会

网络增值服务使用说明

欢迎使用华中科技大学出版社医学资源网yixue.hustp.com

1.教师使用流程

（1）登录网址：http://yixue.hustp.com（注册时请选择教师用户）

注册 → 登录 → 完善个人信息 → 等待审核

（2）审核通过后，您可以在网站使用以下功能：

2.学员使用流程

建议学员在PC端完成注册、登录、完善个人信息的操作。

（1） PC端学员操作步骤

①登录网址：http://yixue.hustp.com（注册时请选择普通用户）

注册 → 登录 → 完善个人信息

② 查看课程资源

如有学习码，请在个人中心-学习码验证中先验证，再进行操作。

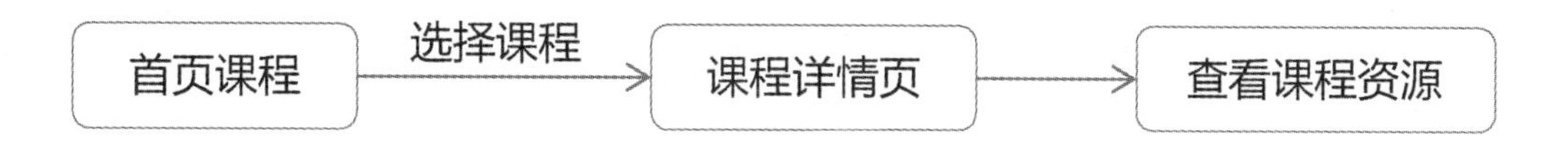

（2） 手机端扫码操作步骤

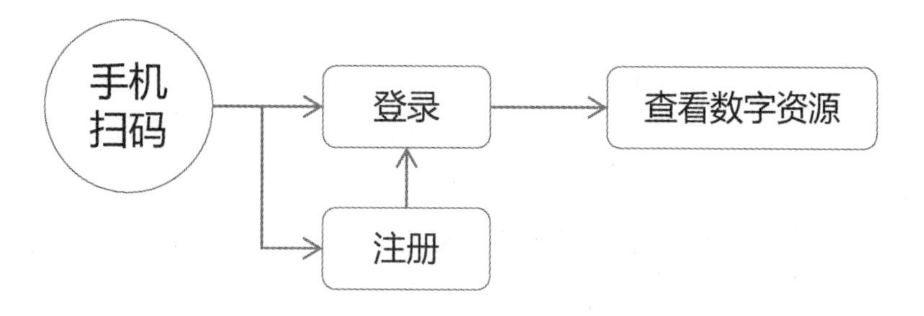

总序

Zongxu

教育部《关于加快建设高水平本科教育全面提高人才培养能力的意见》（“新时代高教 40 条”）文件强调要深化教学改革，坚持以学生发展为中心，通过教学改革促进学习革命，构建线上线下相结合的教学模式，对我国高等药学教育和药学专门人才的培养提出了更高的目标和要求。我国高等药学类专业教育进入了一个新的时期，对教学、产业、技术的融合发展要求越来越高，强调进一步推动人才培养，实现面向世界、面向未来的创新型人才培养。

为了更好地适应新形势下人才培养的需求，按照《中国教育现代化 2035》《中医药发展战略规划纲要（2016—2030 年）》以及十九大报告等文件精神要求，进一步出版高质量教材，加强教材建设，充分发挥教材在提高人才培养质量中的基础性作用，培养合格的药学专门人才和具有可持续发展能力的高素质技能型复合人才。在充分调研和分析论证的基础上，我们组织了全国 70 余所高等医药院校的近 300 位老师编写了这套高等院校药学类专业创新型系列教材，并得到了参编院校的大力支持。

本套教材充分反映了各院校的教学改革成果和研究成果，教材编写体例和内容均有所创新，在编写过程中重点突出以下特点：

（1）服务教学，明确学习目标，标识内容重难点。进一步熟悉教材相关专业培养目标和人才规格，明晰课程教学目标及要求，规避教与学中无法抓住重要知识点的弊端。

（2）案例引导，强调理论与实际相结合，增强学生自主学习和深入思考的能力。进一步了解本课程学习领域的典型工作任务，科学设置章节，实现案例引导，增强自主学习和深入思考的能力。

（3）强调实用，适应就业、执业药师资格考试以及考研需求。进一步转变教育观念，在教学内容上追求与时俱进，理论和实践紧密结合。

（4）纸数融合，激发兴趣，提高学习效率。建立“互联网＋”思维的教材编写理念，构建信息量丰富、学习手段灵活、学习方式多元的立体化教材，通过纸数融合引导学生独立思考、自主学习，提高学习效率。

（5）定位准确，与时俱进。与国际接轨，紧跟药学类专业人才培养，体现当代教育。

（6）版式精美，品质优良。

本套教材得到了专家和领导的大力支持与高度关注，适应于当下药学专业学生的文化基础和学习特点，并努力提高教材的趣味性、可读性和简约性。我们衷心希望这套教材能在相关课程的教学中发挥积极作用，并得到读者的青睐；我们也相信这套教材在使用过程中，通过教学实践的检验和实际问题的解决，能不断得到改进、完善和提高。

高等院校药学类专业创新型系列教材

编写委员会

前言

Qianyan

《分析化学实验》是分析化学的配套教材，是根据分析化学教学大纲的要求，在山西医科大学、南京医科大学、江西中医药大学、内蒙古医科大学、黄河科技学院、川北医学院、天津医科大学临床医学院和山西中医药大学等八所院校实验课的开设项目的基础上，总结多年来参编教师的教学和科研实践，为方便各校的实际使用情况，精心编写而成的。本教材可供药学、药物制剂、临床药学、制药工程、中药学、医学检验、医药营销及相关专业使用。

本实验教材在实验内容的安排上力求丰富多彩、循序渐进、内容广泛，在编排形式上采用模块式设计，可操作性强，供各学校根据自己的实际情况选用。本教材旨在通过分析化学实验技能的训练，培养学生良好的科学态度和严谨细致、实事求是的科学作风，加深学生对基本分析方法和分析原理的理解，逐渐掌握分析化学的基本操作技能和技巧，提高学生的基本素质，为今后学习和工作打下坚实的基础。

本教材共分为分析化学实验基本知识、化学分析实验、仪器分析实验及综合设计实验四个部分。全书共分为 19 章，包括 73 个实验项目。

分析化学实验基本知识部分包括分析化学实验基本要求，常用化学试剂的规格和正确使用，电子天平和称量方法，滴定分析容器的使用，重量分析基本操作，实验数据的记录、处理和实验报告的书写等。

化学分析实验部分包括 31 个实验项目，可以随意组合，方便各学校选择使用。实验内容涵盖电子天平的操作、滴定分析法的基本操作、酸碱滴定法、配位滴定法、氧化还原滴定法以及沉淀滴定和重量分析法等。

仪器分析实验部分设计了 32 个实验项目，按类别分别介绍了实验中所用仪器的结构、原理、操作和注意事项等。实验内容包括电位分析法及永停滴定法、紫外-可见分光光度法、荧光分析法、原子吸收分光光度法、红外光谱法和色谱分析法等。

综合设计实验部分包括 10 个实验项目，学生可以根据自己的兴趣和需要自行进行实验设计。

参加本教材编写工作的有李云兰、信建豪、韦国兵、王浩江、魏芳弟、岑瑶、曹洪斌、陈建平、冯婷婷和牛琳等，本教材经全体编者集体讨论，分工编写，再经定稿会议讨论，最后由主编整理定稿。

本教材的编写工作得到了各编者所在院校的大力支持，在此一并致谢。由于编写时间仓促，编写任务量较大，错漏之处在所难免，希望广大师生和读者能及时批评指正。

编　者

前言

编者

目录

Mulu

第一部分　分析化学实验基本知识

第二部分　化学分析实验

第三部分　仪器分析实验

第四部分　综合设计实验

·第一部分·

分析化学实验基本知识

第一章　分析化学实验基本要求

扫码看课件
PPT

分析化学是一门实践性很强的学科，分析化学实验在分析化学中占有重要的地位。学生通过分析化学实验课程的学习，可巩固和加深对分析化学基本理论知识的理解；掌握分析化学实验的基本操作和技能；培养严谨求实的科学态度；提高发现问题、分析问题及解决问题的能力；逐步培养掌握科学研究的技能和方法，充分培养自主探索、自主创新的能力。从而为后续课程学习和科学研究工作奠定良好的基础。

一、分析化学实验的基本要求

1. 认真预习

实验前应认真阅读实验内容，根据所掌握的基本理论知识，理解实验基本原理，明确实验过程中需要测量和记录的数据，了解实验仪器的性能和操作流程，熟悉实验的注意事项，考虑实验所涉及的思考题，在此基础上写好实验预习报告。

2. 认真实验，仔细观察，如实记录

实验时认真学习教师讲解的相关实验内容，按照预定的实验步骤独立完成实验，规范实验操作，仔细观察实验现象，如实、详细地记录原始实验数据，不得随意更改、删除自认为不理想的实验数据，更不得抄袭、篡改、编造实验记录。实验过程中，应勤于思考和分析实验现象及结果，培养严谨求实的科学态度。

3. 认真完成实验报告

实验完成后根据所记录的实验数据，认真整理、分析、计算、归纳和总结实验结果，对实验中存在的问题和现象进行讨论，独立完成实验报告，按时交给指导教师批阅。

二、实验室规则与安全知识

（一）实验室规则

（1）实验前必须认真预习，明确实验目的、实验原理，熟悉实验内容、操作步骤及注意事项，充分准备，有条不紊。

（2）进入实验室应先熟悉实验室的布局，主要仪器设备以及通风柜的位置、开关和安全使用方法；熟悉消防器材、急救箱、淋洗器、洗眼装置等所在位置和正确使用方法；熟悉安全通道的位置及逃生路线。

（3）进入实验室必须穿实验服，过衣领的长发必须扎起；严禁穿拖鞋、高跟鞋、短裤、短裙及背心等进入实验室；不宜留长指甲及佩戴过多的饰品。

（4）进入实验室应遵守纪律，服从安排，按照指定位置入座，不得喧哗打闹，不得玩弄电子产品；不得乱丢纸屑、废物，不做与实验无关的事情；未经教师许可，不得动用实验室仪器和试剂。

（5）认真听指导教师讲解实验内容。实验前首先清点实验仪器和试剂，如有缺少、损坏应立即报告教师；实验中按照预定的实验步骤独立完成实验，规范实验操作，仔细观察实验现象，如实、详细记录原始实验数据，勤于分析实验现象及结果。

（6）实验过程中如发现试剂异常、仪器发生故障或意外事故，必须立即报告指导教师进行

处理。

（7）小心取用化学试剂。在使用腐蚀性、有毒、易燃、易爆试剂前，必须仔细阅读有关说明；使用或产生危险和有刺激性气味气体、挥发性有毒化学品的实验，必须在通风柜中进行。

（8）正确使用仪器和设备，节约水、电，试剂按量取用，严禁浪费。实验仪器和药品不得带出实验室；剩余的有毒药品应及时交还教师；废弃物必须按要求处理，严禁随意混合。

（9）保持实验台面整洁。实验结束前，须将所用仪器清洗干净，放回原处；关好水、电、气开关；获得指导教师许可后方可离开实验室。

（二）实验室安全标志

分析化学实验中会用到易燃、易爆、有毒、有腐蚀性的化学试剂，同时还会使用到各种加热设备，如马弗炉、电炉等，它们都具有一定的危险性。因此，必须时刻具有安全意识，在实验前充分学习有关安全注意事项，学习各项实验室安全标志，避免不必要的损伤。各种实验室安全标志见表 1-1。

表 1-1　各种实验室安全标志

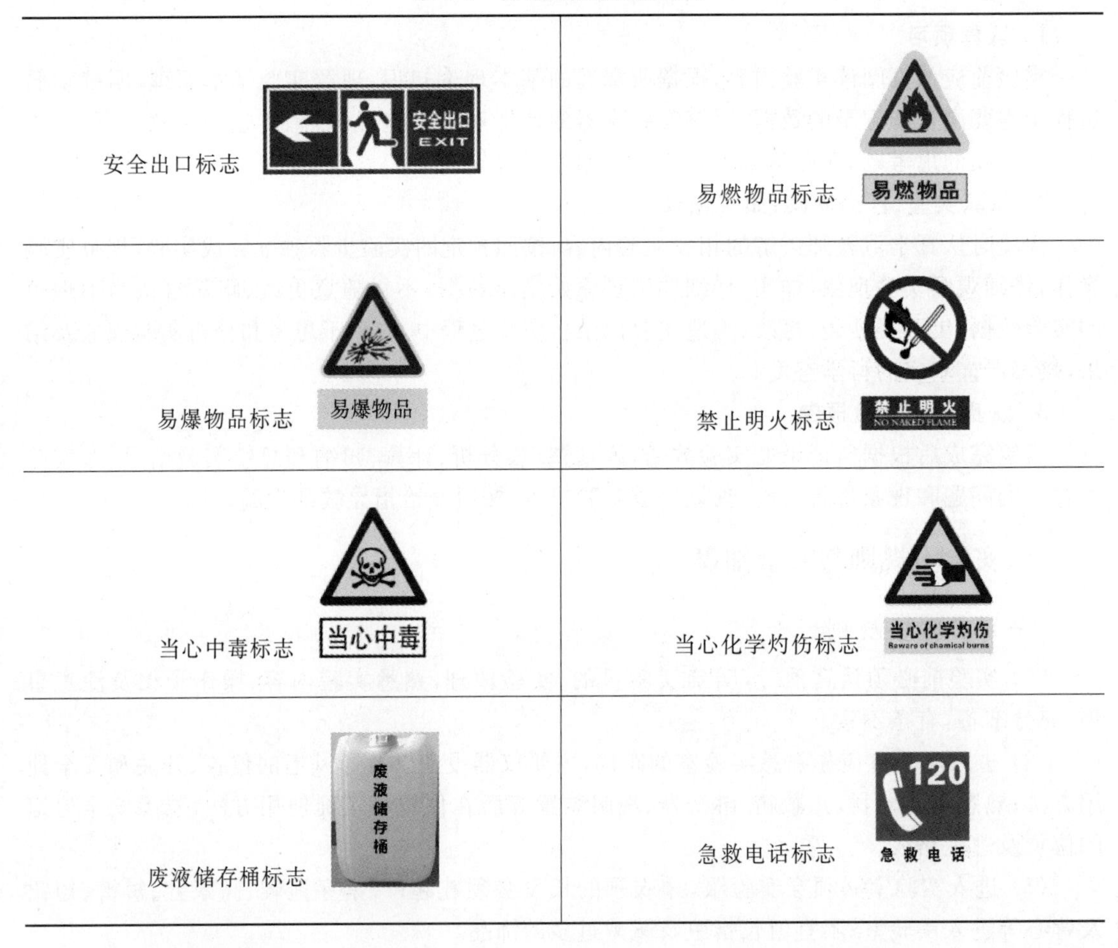

安全出口标志	易燃物品标志
易爆物品标志	禁止明火标志
当心中毒标志	当心化学灼伤标志
废液储存桶标志	急救电话标志

1. 安全出口标志

进入实验室前，应先熟悉实验室安全通道分布情况，便于紧急情况下逃生。

2. 消防安全标志

（1）易燃物品标志和易爆物品标志。分析化学实验中使用的易燃、易爆化学试剂应远离明火，保存在阴凉处，并塞紧瓶塞。比如，金属钠、钾应保存在煤油中，白磷保存在水中，使用时用镊子夹取，取用完毕后应立即盖紧瓶塞。可使用油浴或水浴对易燃液体加热，不能直接用明火加热。易燃气体和空气尽量分开，如需混合，须在有隔离罩处进行混合。强氧化剂与强还原

剂须分开存放，强氧化剂不能研磨。进行化学反应或加热产生气体操作时，要注意调节压力；避免对封闭的容器加热，以免引起爆炸。使用酒精灯时，需要使用时再点燃，不用时盖上灯罩，不能用正在燃烧的酒精灯去点燃其他酒精灯，以免酒精溢出而失火。

(2) 实验室禁止明火标志。

3. 当心中毒标志

实验室常见的有毒有害试剂有浓酸、浓碱、硫化物、四氯化碳和其他氯化物、铬化合物、碘、溴、氰化物、银盐、铅、汞、砷及其化合物等，使用时应特别小心，不可随意倒入水槽，应按要求倒入指定容器内，避免污染环境。装过强腐蚀性、有毒药品的容器，应及时清洗干净。分辨气体的气味时，不能用鼻子直接闻，须使用扇气入鼻法。禁止皮肤直接接触化学品，应使用常见容量仪器，如移液管、吸量管、药勺等移取。进行产生危险和有刺激性气味气体、挥发性有毒化学品实验操作时，必须在通风柜中进行。

4. 当心化学灼伤标志

具有强腐蚀性的强酸、强碱尤其危险。使用时，应小心操作，切勿溅在眼睛、皮肤及衣服上，避免这些化学试剂直接与皮肤接触，不能把这些试剂与其他化学试剂混合。振摇试管或烧瓶时，应用塞子盖紧管口或瓶口，不能用手或拇指堵瓶口。处理白磷、溴、氟化氢时，需要做好适当的防护措施。稀释浓硫酸时，应将浓硫酸缓慢加入水中且不断搅拌，而不能将水加入浓硫酸中，避免稀释过程中产生大量的热而引起喷溅导致灼伤。加热试管时，不要将试管口对着自己或别人，不要俯视正在加热的液体，以免液体溅出，受到伤害。

5. 废弃物处理标志

实验过程中经常会有固体、液体和气体废弃物，处理时应按照要求统一置于规定容器内，不能随意倾倒遗弃。节约试剂，尽可能减少废弃物的产生。对于无毒无害的废液，可用大量水稀释后排放。处理无机废酸、废碱时，应首先分别集中回收保存，然后可用于处理其他废弃的碱性、酸性物质，最后中和使 pH 达到中性。实验过程中可能用到的重金属有铬(重铬酸钾，硫酸铬)、汞(氯化汞，氯化亚汞)等，处理废弃重金属时，可将金属离子以氢氧化物的形式进行沉淀分离。由于重铬酸钾毒性较强，因而常先用废弃的硫酸酸化，再用淤泥还原的方法处理。处理废气时，对于无毒无害的气体，可直接在通风柜中进行排放；对于有毒害的碱性气体(如 NH_3)，可用废酸进行吸收处理；酸性气体(如 SO_2、NO_2、H_2S 等)，可用废碱进行吸收处理。处理有机废液时，有机溶剂应尽量回收，反复使用，若无法再次使用，应分类收集处理，对于甲醇、乙醇及醋酸这类溶剂，可用大量水稀释后排放。

6. 急救电话标志

如实验过程中有同学身体不适，应立即暂停实验，报告指导教师，根据情况立即拨打急救电话。

(三) 事故的紧急处理

实验室中应尤其注意安全问题，如果遇到着火、中毒、割伤、烫伤或灼伤、触电等意外，必须先做紧急处理，再根据情况及时送往医院进行治疗。常遇到的情况及其处理方法如下。

1. 着火

遇到着火情况时，要保持沉着冷静，不要惊慌。根据不同着火原因采取相应方法处理。普通纸张引起的小火，可用湿布或石棉布覆盖灭火。溶剂或化合物着火时，须快速用湿布、石棉布、砂子盖灭。有机化合物起火时不能用水扑灭。实验人员衣服着火时，不要慌张，寻找帮助的同时就地卧躺翻滚灭火。电器设备着火时，应立即切断电源和燃气源，再用二氧化碳或四氯化碳灭火器灭火，电器着火时不要使用泡沫灭火器灭火。若火势无法控制时，应立即拨打 119 火警电话报警并撤离至安全区域。

2. 中毒

若不慎吸入有毒有害气体时，应立即到室外呼吸新鲜空气，情况严重者应立即进行急救。若有毒物质不慎入口，首先用大量水漱口，再将手指伸入咽喉刺激呕吐，并立即就医。

3. 割伤

若不慎割伤，立即用药棉擦净伤口，挤出污血，若伤口内有玻璃碎片，则用消毒镊子取出，再用碘酒消毒，并用绷带包扎；若伤口过大，则应立即就医。

4. 烫伤或灼伤

若不慎遇到烫伤事故，则先用大量冷水冲洗冷却，再用高锰酸钾溶液或苦味酸溶液洗烫伤处，然后抹上凡士林或烫伤油膏。若腐蚀性试剂浓酸溅到衣服或皮肤上，应立即用大量水冲洗，再用稀氨水或饱和碳酸氢钠溶液冲洗，最后用大量水冲洗。若腐蚀性试剂浓碱溅到衣服或皮肤上，应立即用大量水冲洗，再用2%醋酸或20%硼酸冲洗，最后用大量水冲洗。若不慎被溴灼伤，则先用干布擦拭，用乙醇或石油醚洗，然后用2% $Na_2S_2O_3$ 溶液清洗。若眼睛不慎被灼伤，则用洗眼器冲洗，不要让水流直射眼球，然后立即送往医院治疗。

5. 触电

若遇触电事故，则应立即切断电源，必要时进行人工呼吸。对伤势较重者，应立即送往医院医治。

（岑　瑶）

NOTE

第二章 常用化学试剂的规格和正确使用

一、常用化学试剂的规格

试剂的纯度显著影响分析结果的准确度，不同的分析工作对试剂纯度的要求也不同。分析化学实验中常用的试剂可分为一般试剂、基准试剂和专用试剂三类。

1. 一般试剂

实验室中最普遍使用的试剂，根据其所含杂质的多少可划分为优级纯、分析纯、化学纯和生化试剂，其规格和适用范围见表 2-1。

表 2-1 化学试剂的规格和适用范围

试剂规格	英文名称	符号	适用范围	标签颜色
优级纯	guaranteed reagent	GR	精密分析实验	绿
分析纯	analytical reagent	AR	一般分析实验	红
化学纯	chemically reagent	CR	一般分析实验	蓝
生化试剂	biochemical reagent	BC	生物化学实验	黄色等

2. 基准试剂

基准试剂又称基准物，是纯度高、杂质少、稳定性好、化学组成恒定的化合物，常用于直接配制标准溶液或标定标准溶液的浓度。常用基准物的干燥条件和应用见附录 D。

3. 专用试剂

专用试剂是指具有专门用途的试剂，例如色谱纯试剂、光谱纯试剂、核磁共振分析用试剂等。色谱纯试剂是指在最高灵敏度时以 10^{-10} g 下无杂质峰来衡量；光谱纯试剂通常是指经发射光谱法分析过的、纯度较高的试剂，以光谱分析时出现的干扰谱线的数目及强度来衡量，即其杂质含量用光谱分析法已测不出或杂质含量低于某一限度标准；核磁共振分析用试剂包括溶剂和标准物，如在 ^{1}H-NMR 中，常用氘代溶剂，当以有机溶剂溶解试样时，常用四甲基硅烷[$(CH_3)_4Si$，TMS]作为标准物，以重水为溶剂溶解试样时，可采用 4，4-二甲基-4-硅代戊磺酸钠[$(CH_3)_3Si(CH_2)_3SO_3Na$，DSS]作为标准物。

二、化学试剂的正确使用

一般来说，根据分析对象的组成、含量，对分析结果准确度的要求和分析方法的灵敏度、选择性，合理地选用相应的试剂。化学分析实验通常使用分析纯试剂，标准溶液的配制和标定需用基准试剂；仪器分析实验一般使用优级纯、分析纯或专用试剂。

盛试剂的试剂瓶都要贴上标签，标明试剂的名称、规格、日期等。使用前，要认明标签；取用时，应将盖子反放在干净的地方。固体试剂用洁净、干燥的药匙取用；液体试剂一般用洁净的滴管或移液管移取或直接用量筒量取。多取的试剂不能倒回原试剂瓶中。取用后，立即将原试剂瓶盖好，放回原处。氧化剂、还原剂必须密闭，避光保存。易挥发的试剂要储存于避光、阴凉通风的地方，必须有安全措施。剧毒试剂必须专门妥善保管。

（魏芳弟）

NOTE

第三章　电子天平和称量方法

电子天平是实验室常用的精密计量仪器之一，具有操作简便快速、结果显示清晰、称量准确度高、自动化程度高等特点，广泛应用于各类定量分析工作中。为获得更准确的测量结果，应在了解电子天平结构、原理、使用方法的基础上注重电子天平的日常维护与校准，避免操作与保管不当对天平测量结果造成影响。

一、电子天平简介

电子天平具有多种型号，可分为常量、半微量、微量及超微量四种，对应不同的量程、检定分度值及准确度等级，应按实验需要选择相应的电子天平。本书以最大量程 100～200 g、检定分度值 0.0001 g 的常量电子天平为例，如 Sartoruis BSA124S 型电子天平。

1. 外形简介

电子天平主要由称盘、传感器、位置检测器、调节器、功率放大器、低通滤波器、模数（A/D）转换器、微计算机、机壳、水平仪、显示器及水平调节脚等部分组成。其外观结构如图 3-1 所示。

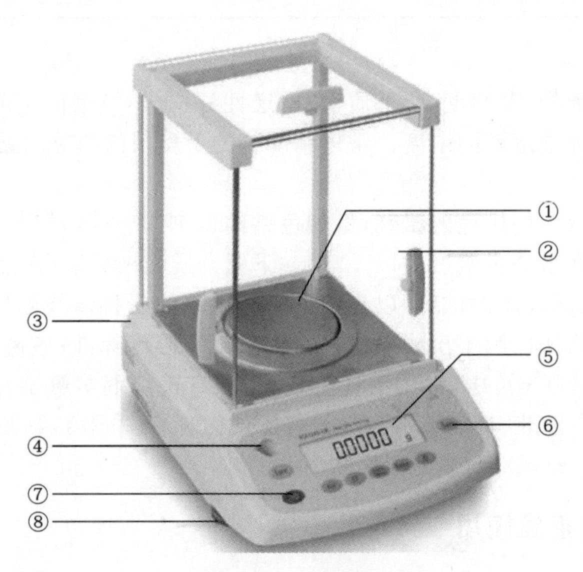

图 3-1　电子天平

注：①称盘；②天平门；③机壳；④水平仪；⑤显示器；⑥去皮键；⑦电源开关；⑧水平调节脚。

（1）称盘：通常为金属材质，安装于天平传感器之上，用于承托待测样品或容器。称盘多以方形或圆形为主，使用中应注意清洁，不得随意调换。

（2）天平门：放置样品或加样时打开天平门，称量读数时关闭天平门，减少外界因素（如风、灰尘）对读数的干扰。

（3）机壳：天平电子元件的基座，同时用于保护天平电子元件，避免灰尘等物质侵害。

（4）水平仪：用于判断天平的水平状况。

（5）显示器：为数字信号的输出装置，通常为数码管显示器或液晶显示器。

（6）去皮键：点击后显示归零，以去除容器质量。

(7) 电源开关:开启或关闭天平电源。

(8) 水平调节脚:用于调节水平及支撑电子天平。

2. 工作原理

电子天平是利用电磁补偿原理,根据电磁力平衡设计用于测量称盘上物体重力的仪器。天平称盘与通电线圈相连,置于磁场中。称量时受重力作用,线圈产生与重力大小相等、方向相反的电磁力,使传感器进行电信号的输出,微计算机将电流变化量转变为数字信号,在显示器上进行显示。通过电子天平中的设定程序,实现自动调零、自动去皮等功能。设置参数及结果也可经接口输出、打印。

3. 操作程序

电子天平的一般操作程序:水平调节—预热—开启—校准—称量—去皮称量—关闭仪器。

(1) 水平调节:旋转水平调节脚,至水平仪气泡正好位于圆环中心。每次使用天平前须观察水平仪,判断天平是否水平。每次移动天平后必须重新调节。

(2) 预热:为保证测量精度,天平操作前需接通电源,预热至规定时间,预热时间随天平型号不同而变化,通常建议 30 min。

(3) 开启:按电源开关键,待显示器显示“0.0000 g”时即可进行称量。

(4) 校准:位置移动、环境改变或长时间存放时,应定期进行校准,以获得精确测量结果。按“Cal”键,用标准砝码或自动标准砝码进行外校或自校,并进行校正/调整。

(5) 称量:按“Tare”键,显示为零后,打开天平门,将被称量样品置于称盘中央,待数字稳定后记录结果。

(6) 去皮称量:按“Tare”键清零后,将容器放在称盘上,显示容器质量,再按“Tare”键,天平去皮。将样品放于容器中,显示样品质量。

(7) 关闭仪器:称量结束后,若较短时间内不进行操作,按电源键关闭显示器,切断电源。罩天平防尘罩,填写使用登记本。

4. 注意事项

(1) 电子天平不宜在震动、潮湿、充满灰尘等不良环境下使用,电磁干扰会影响读数。

(2) 取放样品及开关天平门时动作轻缓,减少震动。读数时应关闭天平门,防止气流影响称量结果的准确性。

(3) 佩戴吸汗布手套进行称量操作。保持天平内外清洁,不得有灰尘或洒落样品,如有固体微粒洒落,须用洁净柔软毛刷及时清扫。

(4) 化学试剂不能直接接触称盘,不得将潮湿器皿放于称盘中,如称量易挥发易腐蚀样品时,应将其盛放于密闭容器内,以避免沾污或腐蚀天平。

(5) 严格按照天平量程称量,不得超过量程使用。

(6) 同一实验应使用同一台天平称量,以减少误差。

(7) 定期检查校准,做好日常维护。

二、称量方法

1. 直接称量法

按上述天平操作程序,将被称量物直接放于天平上,所得读数即为被称量物质的质量。

此法只适用于称量洁净、干燥、性状稳定、能直接放在天平上的物品,如小烧杯、蒸发皿、坩埚等。

2. 减量称量法

此法又称递减称量法或差减法。天平调零后,取装有适量样品的称量瓶(称量时用洁净干燥的纸带套住称量瓶及瓶盖,不得用手直接接触)置于称盘中央,关闭天平门,读取准确质量

W_1。取出称量瓶，于接收容器上方倾斜瓶身，用瓶盖外壁轻敲瓶口上部或侧面（均为内壁），使样品落入容器中，如图 3-2 所示。估计质量，当倒出样品量接近所需量时，用瓶盖轻敲瓶口，竖起瓶身，盖好瓶盖。置于天平中准确称得质量 W_2。两次质量之差 W_1-W_2，即为所取样品的质量。如一次称量未达到质量称取范围要求，可重复 1～2 次上述操作，至达到要求。可通过本方法连续递减称取多份试样。称取 n 份试样时，只需称取 $n+1$ 次。第一份试样质量 $=W_1-W_2$(g)；第二份试样质量 $=W_2-W_3$(g)……

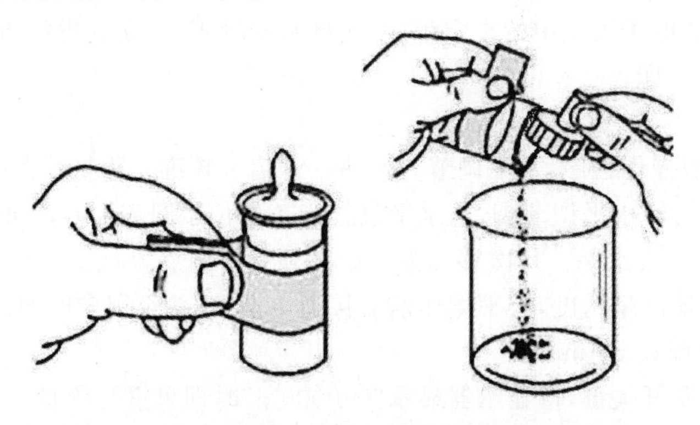

图 3-2　减量称量法中移取称量瓶及倾取样品的方法

此法适用于在一定质量范围内称量易挥发、易氧化、易吸水或易与 CO_2 等反应的样品，如无水碳酸钠颗粒。

3. 定重称量法

此法又称增量法。天平调零后，将干燥洁净容器置于称盘中央，关闭天平门，读取容器质量。然后打开天平门，往容器中用药匙小心加入样品，直至显示器出现所需质量数。停止加样，关闭天平门，进行读数并记录所称质量。

此法能充分体现电子天平称量快捷的优势，适用于称量不易吸潮、性质稳定的粉末状或小颗粒样品，如金属、矿石等。

（牛　琳）

NOTE

第四章　滴定分析容器的使用

滴定分析实验中大量使用各种玻璃仪器。玻璃具有很多优良性质，比如透明度好，容易观察化学反应进行时的各种现象，包括颜色变化、沉淀生成、气体生成等；同时玻璃的化学稳定性高，耐酸耐水性好，耐碱性稍差；另外玻璃具有一定的机械强度和良好的绝缘性质。滴定分析实验中常用的玻璃仪器及用途如下：烧杯（配制溶液、溶解样品）、容量瓶（配制准确浓度的溶液、定量稀释溶液）、移液管（准确移取一定量的液体）、吸量管（准确移取不同量的液体）、量筒（粗略量取液体）、锥形瓶（加热处理试样、滴定分析用）、滴定管（滴定分析用）等。常用玻璃仪器图例、用法及注意事项等见附录 A。

一、玻璃仪器的洗涤与干燥

实验中所用到的玻璃仪器在使用前应充分洗净，其内外壁能被水均匀润湿且不挂水珠。

（一）常用洗涤液

1. 铬酸洗液

铬酸洗液由重铬酸钾（$K_2Cr_2O_7$）和浓硫酸（H_2SO_4）配制而成，具有强氧化性，可除去无机物、油污和部分有机物，基本不侵蚀玻璃仪器，因而被广泛使用。其配制方法：称取 10 g $K_2Cr_2O_7$ 于烧杯中，加入 20 mL 的热水溶解，稍冷后，在不断搅拌下，缓慢加入 200 mL 浓 H_2SO_4，充分混匀冷却，转入玻璃瓶中备用。新配制的铬酸洗液为暗红色，可反复使用，当洗液用久后呈绿色，则说明洗液已经失效，须重新配制。铬酸洗液腐蚀性强，使用时应特别注意安全，不可将其直接倒入水池。

2. 合成洗涤剂

合成洗涤剂包括各种洗衣粉、洗洁精等，可去除油污和某些有机物，使用时较为安全，但也要避免溅入眼睛内。

3. 碱性洗液

常用的碱性洗液有碳酸钠溶液、碳酸氢钠溶液、磷酸钠溶液、磷酸氢二钠溶液等。多用于去除油污，比如用于清洁进行有机反应后的仪器。将待清洁的玻璃仪器置于洗液中浸泡 24 h 或者以洗液浸煮仪器。从碱液中取出仪器时，须戴乳胶手套，以避免灼伤皮肤。

4. 盐酸-乙醇溶液

盐酸-乙醇溶液由化学纯盐酸和乙醇（1∶2）混合制备而成。常用于洗涤被有色物质污染的比色皿、容量瓶和移液管等。

5. 有机溶剂洗涤液

有机溶剂洗涤液主要有丙酮、乙醚、苯或 NaOH 的饱和乙醇溶液，常用于去除聚合物、油污及某些有机物。

（二）洗涤方法

洗涤滴定分析所用的玻璃仪器时，首先要洗去污物，再用自来水冲洗至内壁不挂水珠，然后用纯水淋洗 3 次。一般的尘土、难溶性杂质等可直接用水和毛刷清洗，但是洗涤方法因仪器

不同而存在差别。烧杯、锥形瓶、量筒和离心管等可直接用毛刷加合成洗涤剂刷洗，而后冲洗干净。对于具有精密刻度的玻璃仪器，比如滴定管、移液管、吸量管和容量瓶等，不能用毛刷刷洗，可用合成洗涤剂进行浸泡，若仍不能洗净，则用铬酸洗液浸泡再洗净。使用铬酸洗液洗涤时，先倒入适量铬酸洗液，转动玻璃仪器，使得洗液分布于仪器内壁，待与污物充分作用后，再将铬酸洗液重新倒回铬酸洗液瓶中（切勿直接倒入水池），而后用大量自来水冲洗。洗涤玻璃仪器时需要注意以下 3 点。

（1）常规使用的玻璃仪器，没有污物时，不需要用洗涤剂或洗液洗涤，可只用自来水冲洗。

（2）使用洗涤剂或洗液的玻璃器皿，一定要用自来水彻底冲洗干净，不能有残留。

（3）使用自来水或纯水冲洗时，少量多次。一般用洗液清洗后，需用自来水冲洗 3～6 次，再用纯水冲洗 3 次以上。

（三）干燥

洗净的玻璃仪器进行干燥时需要分情况处理。如果不急用，则可于室温下自然晾干，也可放入烘箱内烘干，也可以向洗净的玻璃仪器中加入少量易挥发的有机溶剂，如乙醇、丙酮，充分浸润内壁后倒出有机溶剂，再用电吹风从玻璃仪器外部吹风而加速干燥。但是，对于具有精密刻度的玻璃仪器，不能采用加热的方法进行干燥。

二、玻璃仪器的使用

滴定分析法是指通过滴定操作，将已知准确浓度的标准溶液滴加到被测试样溶液中，直到化学反应刚好完全，根据标准溶液的用量计算被测物质的含量。为取得良好的分析结果，必须规范使用玻璃仪器。现将常用玻璃仪器，包括滴定管、容量瓶、移液管、吸量管，及其基本使用方法介绍如下。

（一）滴定管

滴定管是指用来进行滴定操作的仪器，可用来测量滴定过程中所使用标准溶液的体积。

1. 滴定管的分类

滴定管是一种内径细长且具有精密刻度的玻璃管，管部下端有玻璃尖嘴。一般有 25 mL、50 mL 不同容积规格，具有 25 个或 50 个等分刻度，每格为 1 mL，其中每格又可细分为 10 小格，即每一小格为 0.1 mL，读数时可估计到 0.01 mL。在滴定时，需要读取滴定前后两次液面数值，通过计算差值得到所使用标准溶液的体积，因而滴定管最大读数误差为±0.02 mL。

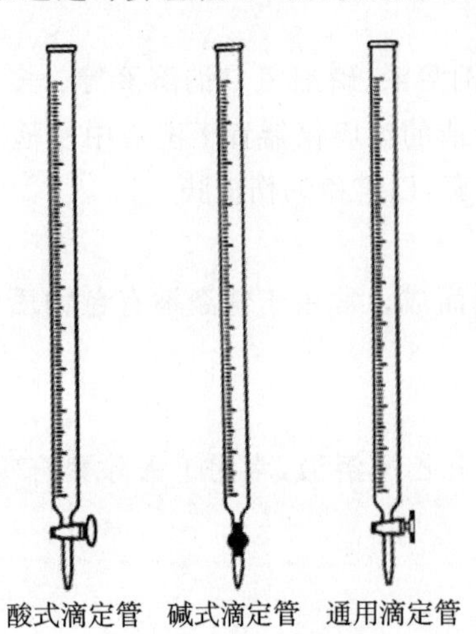

图 4-1 滴定管

滴定管一般可分为酸式滴定管和碱式滴定管两种，还有一种聚四氟乙烯酸碱通用滴定管（图 4-1）。

酸式滴定管的下端带有玻璃活塞，控制活塞，溶液可从管下端滴出。酸式滴定管常用于盛放和量取酸性、氧化性溶液及对橡皮管有侵蚀作用的溶液，不适用于盛放碱性溶液，因为碱性溶液会腐蚀磨口玻璃活塞，时间久了会导致活塞和活塞套黏合，使得活塞难以转动。

碱式滴定管的下端连接一内置有玻璃珠的橡皮管，橡皮管下端再连接一尖嘴玻璃管，控制玻璃珠与橡皮管间的缝隙，可使溶液从尖嘴玻璃管滴出。玻璃珠的大小应适宜，过小会导致漏液或使用时易上下滑动，过大则在放出液体时操作不便。碱式滴定管常用

NOTE

于盛放和量取碱性溶液或对玻璃有侵蚀作用的溶液，不适用于盛放能与橡皮管发生反应的氧化性溶液，比如高锰酸钾、碘等溶液。

聚四氟乙烯酸碱通用滴定管的活塞材料为聚四氟乙烯，耐酸碱、耐腐蚀、密封性好，可用于盛放酸性或碱性溶液。

2. 滴定管的使用

这里主要介绍酸式滴定管和碱式滴定管的使用方法。滴定管使用时需遵循“两检、三洗、一排气，正确装液，边滴边摇，一滴变色”的使用原则。

(1) 两检：首先检查滴定管是否破损，然后检查滴定管是否漏液。对于酸式滴定管，使用前应检查玻璃活塞是否灵活旋转或漏液。具体方法是将滴定管活塞关闭，装入自来水至零刻度线以上，垂直静置 2 min，仔细观察，用滤纸检查滴定管管尖及活塞处是否有水渗出，如果不漏水，再将活塞旋转 180°，垂直静置 2 min，再次检查是否漏水。若不漏水，则可将滴定管洗涤使用。如果滴定管漏水，应取下活塞，用滤纸擦干活塞和活塞槽内的水，用手指蘸取少量凡士林，在活塞两端均匀涂上薄薄的一层凡士林，不要涂到活塞孔两旁，以免堵住活塞孔，把活塞插入活塞槽内，转动活塞，直到接触处油膜均匀透明。若活塞转动不灵活或油膜出现纹路，则可能是凡士林涂得不够，这样会导致漏液；若凡士林涂得过多，则会堵塞活塞孔。出现这两种情况必须把活塞取出擦干净，再重新涂凡士林，然后检查活塞是否漏液。若属于严密程度不好，则需要更换新的滴定管。

对于碱式滴定管，使用前应选择大小合适的玻璃珠和弹性良好的橡皮管，并检查滴定管是否漏液以及能否灵活控制液滴的流出，否则应更换玻璃珠或橡皮管。

(2) 三洗：滴定管经检查不漏液后，在使用前必须洗净，须按照玻璃仪器的洗涤方法进行洗涤。一洗：当滴定管没有明显油污时，可直接用自来水冲洗。若有油污，则可用洗涤液润洗，必要时用铬酸洗液清洗。用铬酸洗液清洗酸式滴定管时，应预先关闭活塞，向滴定管内倒入洗液，两手平端滴定管，缓慢转动，使洗液浸润内壁，然后打开活塞，使洗液从下端流回原洗液瓶中。用铬酸洗液清洗碱式滴定管时，应先将橡皮管暂时去掉，避免橡皮管被腐蚀，再按上法洗涤。洗液清洗过的滴定管应用自来水充分冲洗。二洗：用 5～10 mL 蒸馏水至少润洗 3 次。用蒸馏水润洗滴定管时，预先关闭活塞，向滴定管内倒入蒸馏水，两手平端滴定管，缓慢转动，使蒸馏水浸润内壁，然后打开活塞或者捏挤玻璃珠，一部分蒸馏水从下端放出，另一部分蒸馏水从管口倒出。三洗：用待装入的标准溶液润洗 3 次，每次用量 5～10 mL，其洗法与蒸馏水相同。

(3) 装液：向用标准溶液润洗后的滴定管内装入溶液时，应将活塞关闭，滴定管稍微倾斜，缓慢倒入溶液，直到溶液至零刻度以上。

(4) 排气：装入标准溶液后，若下端有气泡或有未充满的部分，对于酸式滴定管，应将滴定管倾斜 30°，迅速打开活塞使溶液急速流出，以排出气泡。对于碱式滴定管，将橡皮管向上弯曲，与滴定管成 120°夹角，用两指挤压稍高于玻璃珠的位置，使溶液从管尖喷出，气泡随之排出。

(5) 滴定管读数：刚装入溶液或滴定完毕，静置滴定管 1 min 后读数，手拿滴定管上端无刻度处，让其自然下垂。对于无色或浅色溶液，视线应与凹液面下缘平齐(图 4-2(a))。对于深色溶液，无法观察到凹液面，因而可读两侧最高点(图 4-2(b))。读数过程中初读数和终读数应保持同一标准。使用“蓝带”滴定管时，对于无色或浅色溶液，读数时视线应与两个弯月面相交点平行；对于深色溶液，读取两侧最高点(图 4-2(c))。对于常量滴定管读数，必须记录到小数点后第二位，即估读到 0.01 mL。

(6) 滴定操作：滴定通常在锥形瓶中进行，并以白瓷板或白纸作为背景。使用酸式滴定管

NOTE

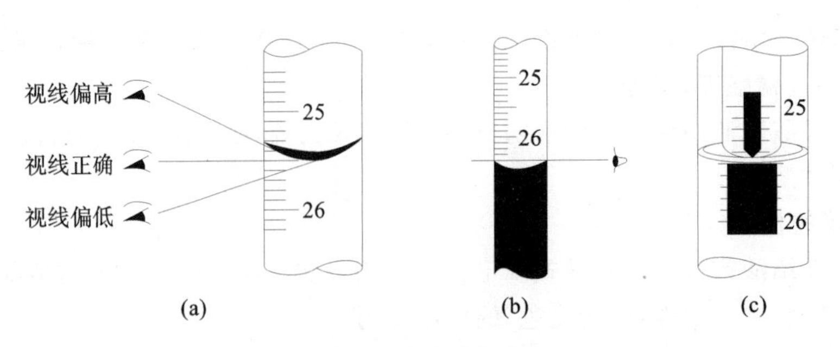

图 4-2　滴定管读数方法

注：(a)不同视线读数；(b)深色溶液读数；(c)"蓝带"滴定管读数。

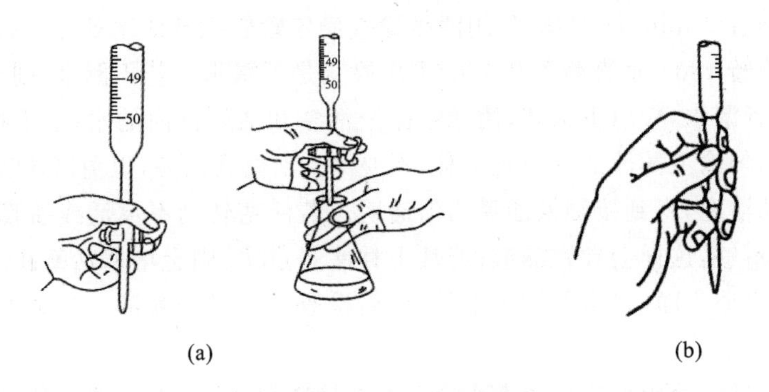

图 4-3　滴定管操作

注：(a)酸式滴定管；(b)碱式滴定管。

滴定时(图 4-3(a))，左手控制活塞，拇指在前，食指和中指在后，控制活塞转动；无名指和小指靠在管尖，手心空握，不要顶住活塞小头一端，以免活塞松动或顶出活塞，导致漏液。右手握持锥形瓶，通过手腕控制，边滴边向同一方向做圆周旋转摇动。使用碱式滴定管滴定时(图 4-3(b))，左手控制橡皮管里的玻璃珠，拇指在前，食指在后，用两指挤压稍高于玻璃珠的位置，使玻璃珠与橡皮管间形成缝隙，溶液从管尖流出。不要使玻璃珠上下移动，也不能用力捏玻璃珠下部，否则会使空气进入而形成气泡，影响读数。

滴定时，左手控制溶液流速，滴定速度不宜过快，控制在 3～4 滴/秒，旋转摇动时不要使瓶内溶液溅出。接近滴定终点时，颜色变化或消失变慢，滴定速度要放慢，每次加入半滴，不断摇动，直至溶液出现明显的颜色变化或完全变为无色。半滴或四分之一滴溶液滴加的方法如下：使溶液悬挂在滴定管管尖，形成半滴或四分之一滴，用锥形瓶内壁轻碰液滴，再用洗瓶喷出少量蒸馏水使内壁的溶液全部流下，然后摇动锥形瓶。可反复几次半滴或四分之一滴操作，直至到达滴定终点。

滴定结束后，应将滴定管中的溶液倒出，不得将其倒回原试剂瓶，以防污染整瓶溶液。依次用自来水、蒸馏水冲洗干净，倒立夹在滴定管架上。

(二) 容量瓶

容量瓶是一种长颈梨形的平底瓶，带有磨口玻璃塞，瓶身标有温度和容积，瓶颈标有刻度线。常用的容量瓶有 10 mL、50 mL、100 mL、250 mL、1000 mL 等多种规格。

容量瓶在使用前应首先检查是否漏液。向容量瓶内加入自来水至标线附近，盖好瓶塞，用干布擦拭瓶外水珠。左手按住瓶塞，右手托住瓶底，将容量瓶倒立 2 min 观察瓶塞周围是否有水渗出，然后将容量瓶直立，把瓶塞旋转 180°后塞紧，再倒立检查是否漏水，若仍不漏水，则可使用。

NOTE

容量瓶在使用前应洗净，若用水冲洗不干净，则可加入洗涤剂或铬酸洗液充分摇动或浸泡，再洗净。

如果是用固体试剂配制溶液，则应先将固体试剂称量后置于烧杯并完全溶解，再用玻棒引流，定量转移至容量瓶中(图 4-4)。

转移时，玻棒下端靠近瓶颈内壁，溶液沿玻棒缓慢流入瓶中，待溶液全部流完后，将烧杯沿玻棒上移 1～2 cm，同时直立，用少量溶剂洗涤烧杯 3～4 次，每次洗涤液按上法全部转移至容量瓶中。当溶液体积至容量瓶容积的$\frac{2}{3}$时，轻晃容量瓶，使溶液混合均匀，接着用溶剂稀释至刻度线以下 1～2 cm 处，等待 1 min，使内壁溶液全部流下，再用滴管滴加溶剂至溶液弯月面与标线相切为止。定容完成后，盖紧瓶塞，左手按住瓶塞，右手托住瓶底，倒转容量瓶使气泡上升，然后倒转仍使气泡上升至顶，反复数次直至溶液充分混合均匀(图 4-5)。如果是用液体试剂配制溶液，则可用吸量管移取一定量的试剂放入容量瓶，再用上法稀释定容。若在溶解或稀释时伴有明显的热量变化，则须待溶液降至室温才能定容。

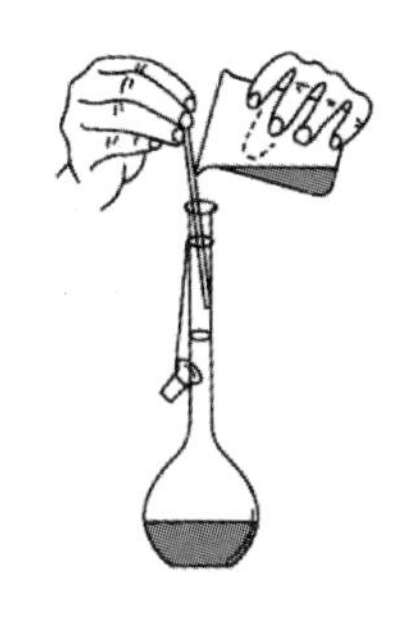

图 4-4　定量转移

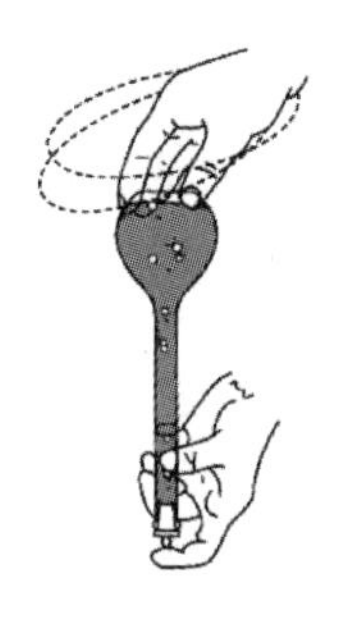

图 4-5　混匀操作

使用容量瓶时需注意以下几点：①容量瓶不宜长期存放溶液。②容量瓶不得在烘箱中烘烤干燥。③容量瓶使用完毕后应立即洗净、晾干，并用纸条将磨口处隔开，以防瓶塞与瓶口粘连。

(三) 移液管与吸量管

移液管与吸量管均是用于准确移取一定体积溶液的玻璃量器。胖肚移液管是中间有一膨大部分的细长玻璃管，也称胖肚吸管，有一刻度线，常见规格有 5 mL、10 mL、25 mL 和 50 mL 等。吸量管(亦称刻度吸管)是具有分刻度的直行玻璃管，可用于移取量程内任意体积的溶液，常用规格有 1 mL、2 mL、5 mL、10 mL 等多种(图 4-6)。

移液管和吸量管在使用前应吸取洗涤剂或洗液洗涤，然后用自来水冲洗，蒸馏水润洗，再用待移取溶液润洗 3 次。移液管润洗时，吸取少量溶液至球部，将管平放转动，使溶液流过管内标线下所有的内壁，然后使管直立，溶液由底部尖嘴放出。吸量管润洗时需吸取总容积的 1/5。

移取溶液时，一般用左手拿洗耳球，右手拇指和中指拿住移液管上端，将移液管插入待吸溶液的液面下约 2 cm，移液管不要插入过深，以免外壁沾有过多溶液，也不能太浅，以免在液面下降时吸入空气，最好边吸边下降移液管。当液面上升至移液管最高刻度线以上时，迅速用食指按住管口，将移液管提离液面并使管尖轻靠试剂瓶内壁，左手拿起试剂瓶，略微放松食指，使液面平稳下降，直到溶液的弯月面与刻度线相切时，立即紧按食指(图 4-7)。将移液管垂直放入待盛放溶液的容器中(容器稍微倾斜)，管尖靠着容器内壁，松开食指，溶液自由流出，流完后再等待 15 s，取出移液管。若管上没有“吹”字，则管尖内残留的液体不能吹入容器中；若管上有“吹”字，应将管尖内残留的液体吹入容器中(图 4-8)。吸量管的操作方法与移液管相同。移液管和吸量管使用完毕后，应洗净放在移液管架上自然晾干。

NOTE

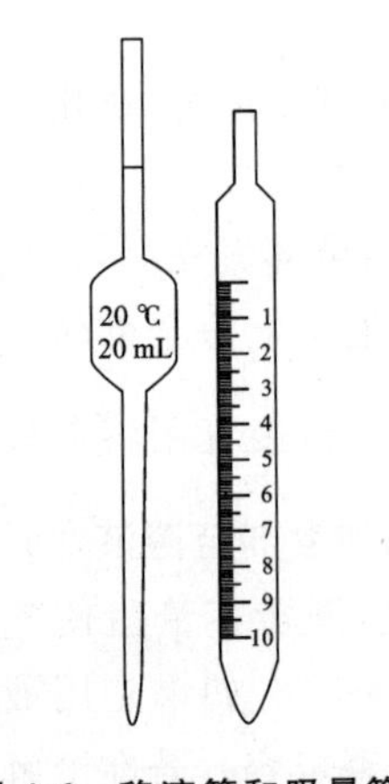

图 4-6　移液管和吸量管

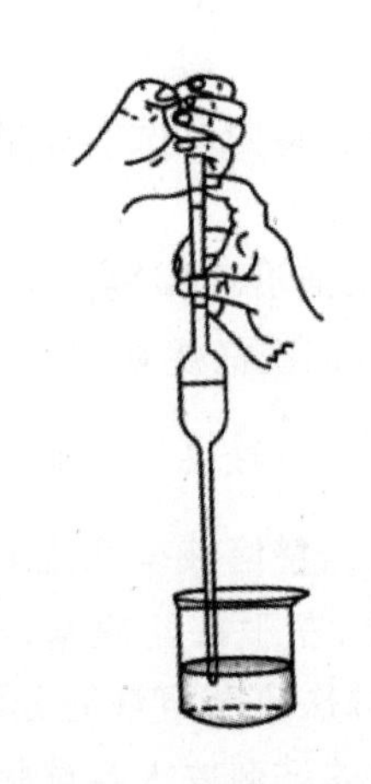
图 4-7　吸取溶液操作

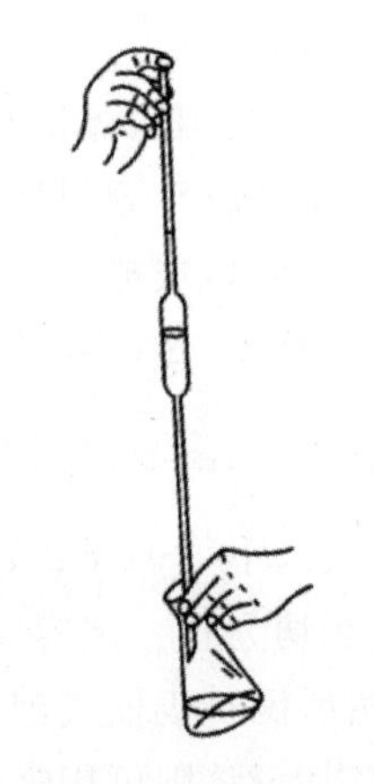
图 4-8　放出溶液操作

（岑　瑶）

NOTE

第五章　重量分析基本操作

重量分析法是通过称量有关物质的质量来确定被测组分含量的分析方法。沉淀重量法利用沉淀反应使被测组分转换为难溶沉淀，再经过滤、洗涤、干燥、灼烧，称量质量以计算被测组分含量。本章介绍该方法的相关基本操作。

一、样品的溶解

提前准备洁净无破损的烧杯、表面皿及玻棒。烧杯需要体积适宜，内壁光滑无纹痕；表面皿直径需略大于烧杯口直径；玻棒需比烧杯深度长 5～7 cm。

称取样品置于烧杯中，用表面皿盖于烧杯上。

溶解样品时需要注意以下几点：①若无气体产生，可取下表面皿，溶剂沿烧杯内壁或由玻棒引流缓缓加入，边加边搅拌，至样品完全溶解，盖上表面皿待用；②若产生气体（如白云石等），应先用少量溶剂润湿后，半盖表面皿，由烧杯与表面皿间狭缝处滴加溶剂，待气泡消失再用玻棒搅拌至溶解，并用洗瓶吹洗表面皿及烧杯内壁；③若溶解需加热，应盖表面皿，水浴加热或用电热套、酒精灯使其微热、微沸；④若样品溶解后需蒸发，则应在烧杯口加玻璃三角或玻璃钩将表面皿垫起，加热蒸发，严控温度，切勿暴沸。

二、沉淀

试样溶液的浓度、pH、搅拌速度、沉淀温度等条件将影响沉淀效果，需根据沉淀类型严格控制。

1. 晶形沉淀

晶形沉淀适合在稀溶液、热溶液中进行沉淀。沉淀时需慢慢加入沉淀剂，不断搅拌。沉淀完毕后，需盖上表面皿，放置过夜或微沸 1 h，进行沉淀陈化。沉淀完毕或陈化后，沿烧杯加少量沉淀剂，看上清液是否混浊以检验是否沉淀完全，若沉淀不完全则需补加沉淀剂。

2. 无定形沉淀

无定形沉淀适合在较浓的热溶液中进行沉淀。沉淀时可加入大量电解质，如盐酸、氨水等，以降低水化程度，使沉淀凝聚。在搅拌下较快地加入沉淀剂，沉淀完毕后用大量热水稀释搅拌，以减少表面杂质。沉淀后趁热过滤、不需陈化。

三、过滤和洗涤

（一）滤纸过滤

1. 滤纸和漏斗的选择

对于需要进行灼烧的沉淀选用定量滤纸和长颈玻璃漏斗进行过滤。根据沉淀的性质和多少选择不同类型、大小的滤纸。$BaSO_4$、$CaC_2O_4 \cdot 2H_2O$ 等细晶形沉淀多用“慢速”滤纸过滤。$Fe_2O_3 \cdot nH_2O$ 等蓬松的胶体沉淀多用“快速”滤纸过滤。滤纸的大小满足沉淀量的需要，滤纸内沉淀堆积高度应占滤纸圆锥高度的 $\frac{1}{3}$～$\frac{1}{2}$。根据滤纸大小选择合适的漏斗，滤纸高度应低于漏斗边缘 0.5～1 cm。

2. 滤纸的折叠和安放

将手洗净、擦干，如图 5-1(a)至图 5-1(c)所示，进行折叠。将滤纸对折，再对折，不要手压中心，以免出现折痕。第二次对折时两角不对齐，如图 5-1(d)、5-1(e)所示，调整至漏斗适宜角度。为使滤纸与漏斗更密合，可将三层厚滤纸的外层折角撕下一小块。滤纸放入漏斗后轻压三层滤纸一侧，由洗瓶内吹出的少量水润湿滤纸，轻按滤纸边缘，尽量使滤纸上部与漏斗间没有空隙，加蒸馏水至满，随着水由漏斗流出，小心轻压滤纸，将滤纸与漏斗间气泡排尽，漏斗颈部形成水柱以加快过滤速度。

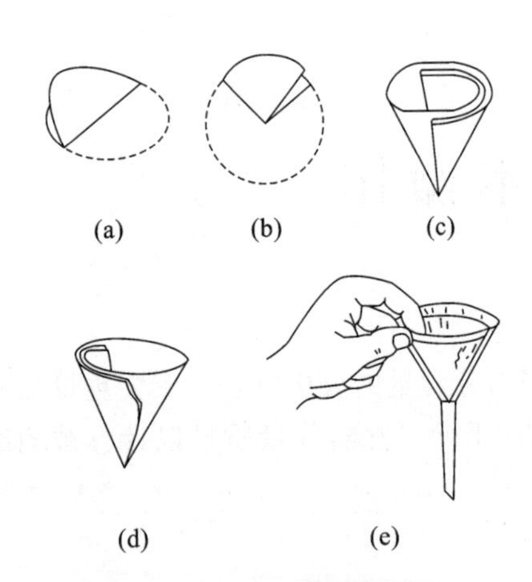

图 5-1 滤纸的折叠与安放

注：(a)至(c)为滤纸折法；(d)撕去一角；(e)轻按使贴合。

若漏斗颈部未形成水柱，可能是由于颈径太大，可用手堵住漏斗下口，掀起三层滤纸处，用洗瓶在漏斗与滤纸间加水至漏斗全部充满水，然后按住滤纸边，松开堵着下口的手指，使水流出，形成水柱。用蒸馏水洗涤 1～2 次。

3. 沉淀的过滤

将安放好滤纸的漏斗置于漏斗架上，漏斗高度以漏斗颈末端不接触滤出液液面为宜。下端放洁净干燥的烧杯，漏斗出口的长端紧贴烧杯内壁。为避免沉淀从滤纸边缘漏出，过滤时滤纸内液体不得高于滤纸边缘下 5 mm 处。滤出液沿烧杯壁缓缓流下，不得溅出。

过滤时一般使用倾泻法。沉淀过程是先使烧杯中沉淀下沉，过滤上层清液，以避免沉淀堵塞滤纸，加快过滤速度，同时还可使沉淀充分洗涤。如图 5-2 所示。

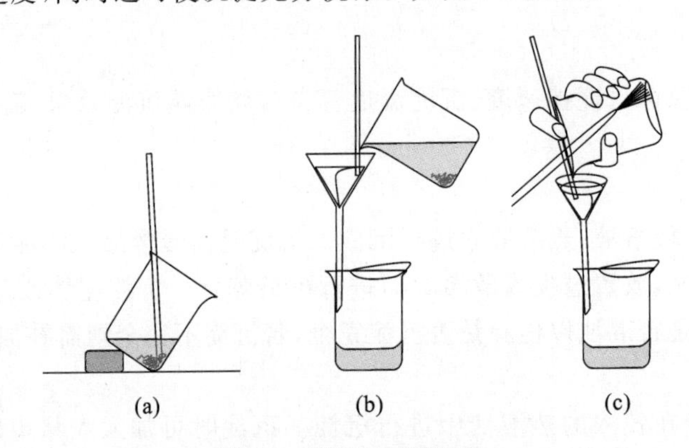

图 5-2 倾泻法过滤操作

注：(a)倾斜静置；(b)过滤上层清液；(c)转移沉淀。

(1) 倾斜静置：如图 5-2(a)所示，烧杯下放一木块，使烧杯倾斜，使上层清液与沉淀分离，便于过滤上层清液。静置时玻棒不靠烧杯嘴，避免沾去烧杯嘴上的沉淀。

(2) 过滤清液：如图 5-2(b)所示，一手持玻棒，垂直于三层滤纸处，下端尽量接近但不接触滤纸，另一手将烧杯轻轻拿起，保持倾斜，使烧杯嘴接触玻棒，使上层清液沿玻棒缓缓流入滤纸中。漏斗中液体体积不得高于滤纸高度的 2/3，如一次未能将上层清液倾泻完，应再次静置沉淀。停止倾泻时，一边使烧杯嘴沿玻棒向上提，一边扶正烧杯，之后将玻棒放回烧杯中。

(3) 沉淀初步洗涤：用洗瓶吹洗烧杯内壁，搅动沉淀进行洗涤，静置使沉淀下沉，再次倾泻上层清液。每次洗涤用 10～20 mL 洗涤液，晶形沉淀洗 2～3 次，胶状沉淀洗 5～6 次。

(4) 转移沉淀：加入少量洗涤液(小于滤纸上最大容纳体积)于烧杯中，搅动混匀，立即将沉淀与洗涤液一起用玻棒转移至漏斗滤纸上，再加少量洗涤液，搅拌剩余沉淀转移至滤纸中，

反复多次。如仍有少量沉淀难以转移，按图 5-2(c)所示进行洗涤，一手将烧杯倾斜，使烧杯嘴放于漏斗上方，食指将玻棒固定于烧杯口上，玻棒下端伸出烧杯嘴 2～3 cm 于三层滤纸上方，另一手持洗瓶吹洗烧杯内壁，使沉淀与洗涤液由烧杯嘴沿玻棒流入漏斗中。如仍有少量沉淀牢固黏附在烧杯中，用小块定量滤纸角(或沉淀帚)擦下放于漏斗内，玻棒上的沉淀也可用此法擦下，合并沉淀。仔细检查烧杯内壁、玻棒、表面皿，对沉淀进行反复擦拭转移，直至沉淀全部转移。

4. 沉淀的洗涤

待沉淀完全转移至滤纸上，需对沉淀进行洗涤，去除沉淀表面所吸附的杂质和残留的母液。方法如图 5-3 所示，用洗瓶中的蒸馏水从三层滤纸边缘稍下部位开始，自上而下螺旋式冲洗沉淀，使沉淀在冲洗过程中集中于滤纸底部，每次冲入少量洗液，待沉淀沥干后再次进行洗涤。反复洗涤 10 次左右，至沉淀洗净(用干净试管量取 1 mL 滤液用灵敏快速的定性法鉴别，如含 Cl^- 溶液，用 $AgNO_3$ 试剂检查，若无 AgCl 白色混浊出现，说明沉淀已洗净)。过滤、洗涤需在短时间内完成，否则沉淀会干涸黏结，不易于洗净。

图 5-3 沉淀的洗涤

(二) 微孔玻璃漏斗(或微孔玻璃坩埚)过滤

对于不需要灼烧但需要烘干的沉淀可用微孔玻璃坩埚(图 5-4(a))或微孔玻璃漏斗(图 5-4(b))进行减压过滤(图 5-4(c))。按照孔径大小，微孔玻璃漏斗(或微孔玻璃坩埚)分为六级，G1～G6(或称 1 号～6 号)，1 号的孔径最大(80～120 μm)，6 号的孔径最小(2 μm 以下)。在定量分析中常用 G3～G5 过滤细晶形沉淀。碱性溶液易破坏玻璃结构，不能用此法过滤。

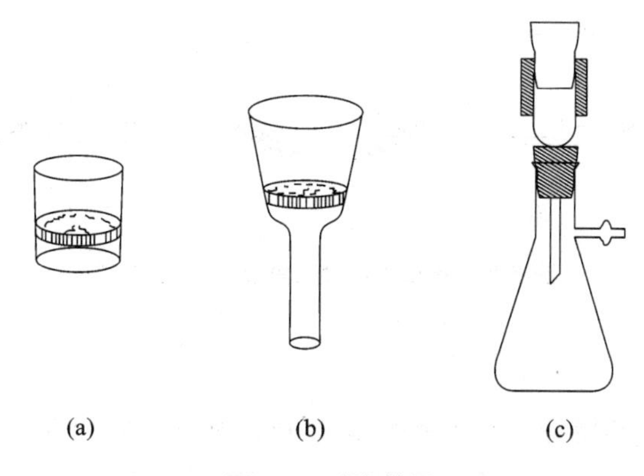

图 5-4 过滤装置

注：(a)微孔玻璃坩埚；(b)微孔玻璃漏斗；(c)减压过滤装置。

四、沉淀的干燥和灼烧

1. 干燥器的准备和使用

擦净干燥器，烘干多孔瓷板，将干燥剂通过纸筒倒入干燥器底部(图 5-5(a))，避免污染干燥器上部，然后放置瓷板。关闭干燥器时如图 5-5(b)所示，手持盖上圆头平推着盖好，与开启时方法相同。取下盖子应磨口向上持于手中，另一手放入(或取出)坩埚或称量瓶，并尽快盖上盖子。坩埚或称量瓶应置于瓷板孔内，如太小可放于瓷板上，放入热坩埚需开关干燥器 1～2 次。移动干燥器时，如图 5-5(c)所示，双手端干燥器及盖子的双沿，防止盖子滑开，放置在安全、水平的位置。

2. 坩埚的准备

沉淀灼烧在洁净并预先灼烧至恒重(两次质量之差≤0.3 mg)的坩埚中进行。将坩埚洗

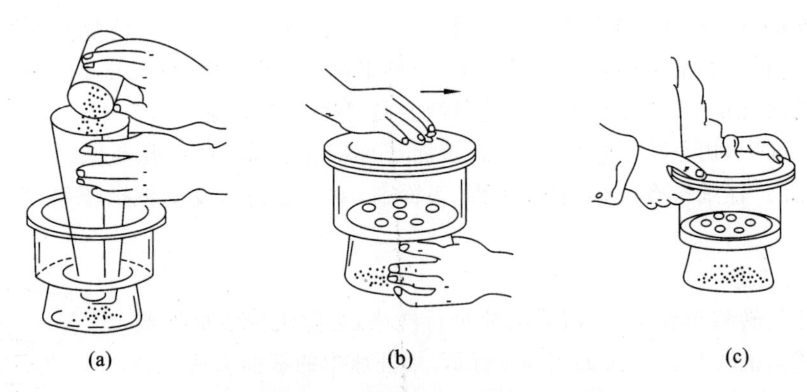

图 5-5　干燥器的准备和使用

注:(a)放置干燥剂;(b)开合盖子;(c)移动干燥器。

净,必要时提前在热的酸液中浸泡去油脂后再洗净,烘干,盖上坩埚盖(留一定空隙),标记编号。放入高温电炉(马弗炉)内升温至灼烧沉淀时的温度,恒温 30 min,取出稍冷,置于干燥器中至室温,称量。然后进行第二次灼烧,10～15 min,相同方法放冷、干燥、称量。重复操作,直至连续两次称量的质量之差不超过 0.3 mg。

也可将坩埚置于泥三角上(图 5-6(a)),放置时避免错误操作(图 5-6(b))。用煤气灯在下方逐步升温,灼烧 10～15 min。冷却 1～2 min 后夹至干燥器中。

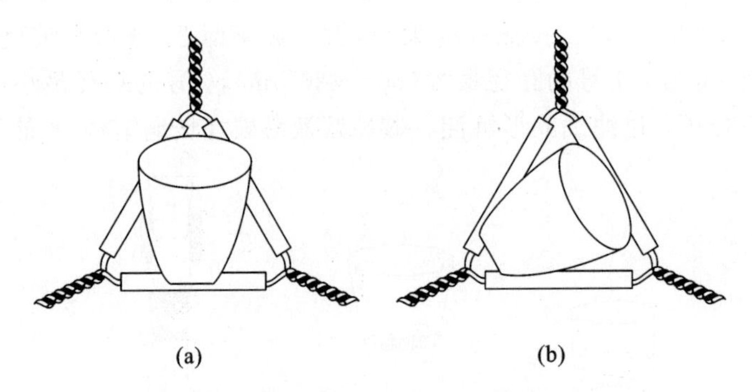

图 5-6　瓷坩埚在泥三角上的放置方式

注:(a)正确方式;(b)不正确方式。

3. 沉淀的包裹

对于无定形沉淀,用玻棒将三层滤纸挑起,轻压滤纸边缘使其盖住沉淀,如图 5-7(a)所示,取出装有沉淀的滤纸放于已干燥至恒重的坩埚中,滤纸尖头向上。如果是晶形沉淀则取出装有沉淀的滤纸后按图 5-7(b)所示进行包裹:先对折成半圆,右端、上端分别折起 1 cm 后沿直径水平方向将滤纸自右向左折成小包。

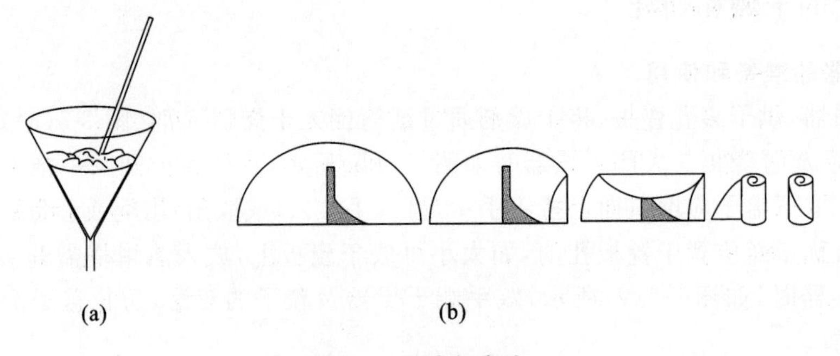

图 5-7　沉淀包裹法

注:(a)无定形沉淀;(b)晶形沉淀。

4. 沉淀的烘干

将放有沉淀及滤纸的坩埚斜放在泥三角上，滤纸的三层部分向上。坩埚斜放在泥三角的一边，半掩坩埚盖，以利于热气流烘干滤纸与沉淀，如图 5-8(a)所示。

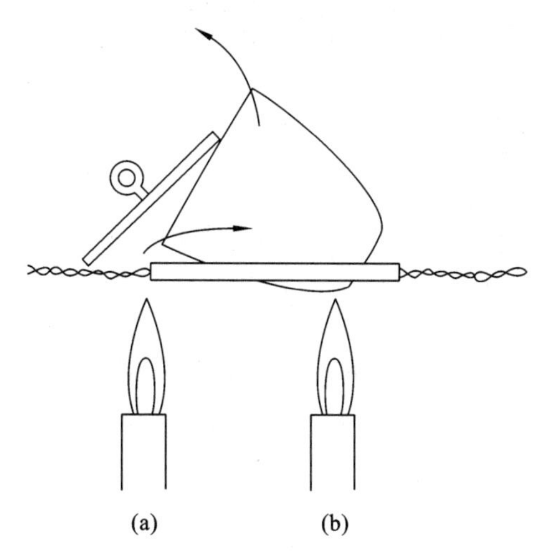

图 5-8 沉淀烘干及炭化时的火焰位置

注：(a)烘干；(b)炭化。

5. 滤纸的炭化和灰化

滤纸和沉淀干燥后，将火焰移至坩埚底部进行灼烧，如图 5-8(b)所示。小心加热使滤纸逐渐炭化，防止火焰温度过高将滤纸点燃。如滤纸着火应及时处理，盖住坩埚盖隔绝空气使其熄灭，切忌用嘴吹灭，避免沉淀损失。炭化后可加大火焰，用坩埚钳旋转坩埚，使滤纸灰化至全部为灰白色为止。

使用高温电炉对沉淀进行烘干、炭化、灰化时，坩埚直立，坩埚盖半掩，加热温度不宜过高。其他操作和注意事项同前。

6. 沉淀的灼烧

沉淀与滤纸灰化完毕，盖上坩埚盖，但留有空隙，竖直放置加大火焰或放于高温电炉内灼烧。参照空坩埚灼烧操作，灼烧 40～45 min，取出，放冷，称量。重复操作至恒重。首次之后每次灼烧 20 min 即可。

（牛　琳）

NOTE

第六章　实验数据的记录、处理和实验报告的书写

分析化学实验中，除了认真规范地进行实验操作外，精确地测量各项数据，实事求是地记录实验现象和测得数据，正确地表达分析结果，完整地撰写分析报告也是获得准确测量结果的关键因素，必要时还应对数据进行统计处理，因为分析结果不仅表示试样中被测组分含量高低，还反映出测量结果的准确程度。实验结束后，应根据实验记录进行整理，及时认真地写出实验报告，这是培养学生分析、归纳问题的能力以及严谨细致科学作风的重要途径。下面详细阐述实验记录、分析数据处理及实验报告书写等方面的基本要求。

一、实验记录

为了保证实验结果的准确性，实验记录必须真实、完整、规范、清晰。

1. 基本要求

(1) 实验者应准备专门的标有连续页码的实验记录本，不得撕去任何一页。不得将文字或数据记录在单页纸或小纸片上，或随意记录在其他任何地方。

(2) 应清楚、如实、准确地记录实验过程中所发生的实验现象、所用的仪器及试剂、主要操作步骤、测量数据及结果。记录中要有严谨的科学态度，实事求是，切忌掺杂个人主观因素，绝不能拼凑或伪造数据。

(3) 进行记录时，对于文字记录，应该字迹清晰，条理清楚，表达准确；对于数据记录，可采用列表法，书写应整齐统一，数据位数应符合有效数字的规定。

(4) 实验记录应用钢笔、圆珠笔、签字笔等书写，不得用铅笔，不得随意涂改实验记录。遇有读错数据、计算错误等情况需要修正时，应将错误数据用线划去，在其上方写上正确的数据。

2. 数据记录

应严格按照有效数字的保留原则记录测量数据。有效数字是指在分析工作中实际上能测量到的数字。有效数字的保留原则是，在记录测量数据时，应保留一位欠准数，其余均为准确值，即应记录至仪器最小分度值的下一位。

有效数字位数不仅表示数值的大小，而且能反映出仪器测量的精确程度。例如，用感量为万分之一的分析天平称量时，应记录至小数点后第四位。如称量某份试样的质量为 0.1220 g，该数值中“0.122”是准确的，最后一位数字“0”是欠准的，即该试样的实际质量是(0.1220±0.0001)g 范围内某一数值。如只记录 0.122 g，则试样的实际质量是(0.122±0.001)g 范围内某一数值，绝对误差会增大一个数量级，并且这样记录是不真实和错误的；滴定管和移液管的读数应记录至小数点后第二位，如某次滴定反应中消耗标准溶液的体积为 20.50 mL，若写成 20.5 mL，则意味着实际消耗的滴定剂体积是(20.5±0.1)mL 范围内的某一数值，同样将测量精密度降低了 10 倍。

二、数据处理和结果计算

1. 有效数字的修约

有效数字的修约规则为“四舍六入五留双”。即当多余尾数首位小于等于 4 时，应舍去；多余尾数首位大于等于 6 时，应进位；多余尾数首位为 5 时，若 5 后数字不为 0 时，则进位，若 5

后数字为 0 时，则视 5 前数字是奇数还是偶数，采用“奇进偶舍”的方式进行修约。例如，将下列数据修约为四位有效数字：14.2442→14.24，24.4863→24.49，15.0250→15.02，15.0150→15.02，15.0251→15.03。另外，有效数字只能一次修约，不能多次修约。

2. 数据处理

当得到一组平行测量的数据 x_1、x_2、x_3……后，不要急于将其用于分析结果的计算，要对得到的数据进行科学的分析，一般应进行可疑数据的取舍、精密度考察及系统误差校正后，再将测量数据的平均值用于分析结果计算。

(1) 可疑数据的取舍：首先应剔除由于明显原因（如过失误差）引起的与其他测定结果相差甚远的数据；而对于一些对精密度影响较大而又原因不明的可疑数据，则应通过 Q 检验法或 G 检验法来确定其取舍。

(2) 精密度考察：一般用标准偏差 SD 或相对标准偏差 RSD(%)来衡量测定结果的精密度。有时也用平均偏差和相对平均偏差表示。若精密度不符合分析要求，说明测定中存在较大的偶然误差，应适当增加平行测定的次数再做考察，直到精密度达到要求为止。

(3) 系统误差校正：通过对照实验、空白实验及校准仪器等方法，校正测量中的系统误差。若条件允许最好进行 t 检验（如用实验数据均值 $\bar{x}$ 与标准值 μ 进行比较），以确定分析方法是否存在系统误差。

3. 分析结果计算

分析结果的准确度必然会受到分析过程中测量值误差的制约。在计算分析结果时，每个测量值的误差都要传递到分析结果中去。因此，有效数字的运算也应根据误差传递规律，按照有效数字的运算规则进行，并对计算结果的有效数字进行合理取舍，才不会影响分析结果的准确度。

根据误差传递规律，加减法的和或差的误差是各个数值绝对误差的传递结果。所以，计算结果的绝对误差必须与各数据中绝对误差最大的那个数据相当，即几个数据相加或相减时，和或差的有效数字的保留应以参加运算的数据中绝对误差最大（小数点后位数最少）的数据为准。

乘除法的积或商的误差是各个数据相对误差的传递结果。所以，计算结果的相对误差必须与各数据中相对误差最大的那个数据相当，即几个数据相乘除时，积或商的有效数字的保留位数，应以参加运算的数据中相对误差最大（有效数字位数最少）的数据为准。

三、实验数据的整理和表达

取得实验数据后，应进行整理、归纳，并以准确、清晰、简明的方式进行表达。通常有列表法、图解法和数学方程表示法，根据具体情况选用。

1. 列表法

列表法是以表格形式表示数据，具有简明直观、形式紧凑的特点，可在同一表格内同时表示几个变量间的变化情况，便于分析比较。制表时须注意以下几点。

(1) 每一表格应有表号及完整而简明的表题。在表题不足以说明表中数据含义时，可在表格下方附加说明，如有关实验条件和数据来源等。

(2) 将一组数据中的自变量和因变量按一定形式列表。自变量的数值常取整数或其他适当的值，其间距最好均匀，按递增或递减的顺序排列。

(3) 表格的行首或列首应标明名称和单位。名称及单位尽量用符号表示。

(4) 同一列中的小数点应上下对齐，以便相互比较；数值为零时应记为“0”，数值空缺时应记一横线“—”；若某一数据需要特殊说明时，可在数据的右上标位置做一标记，如“*”，并在表格下方附加说明，如该数据的处理方法或计算公式等。

2. 图解法

图解法是以作图的方式表示数据并获取分析结果的方法，即将实验数据按自变量与因变量的对应关系绘成图形，从中得出所需的分析结果。其特点是能够将变量间的变化趋势更为直观地显示出来，如极大、极小、转折点、周期性等。图解法在仪器分析中被广泛应用，如用校正曲线法计算未知物浓度，电位法中连续标准加入法作图外推求痕量组分浓度，电位滴定法中的 E-V 曲线法、一级微商法及二级微商法作图计算滴定终点，分光光度法中利用吸收曲线确定光谱特征数据及进行定性定量分析，以及用图解积分法计算色谱峰面积等。对作图的基本要求：能够反映测量的准确度；能够表示出全部有效数字；易于从图上直接读取数据；图面简洁、美观、完整。作图时应注意以下几点。

(1) 作图时多采用直角坐标系。若变量之间的关系为非线性的，可选用半对数或对数坐标系将其变为线性关系；有时还可采用特殊规格的坐标系，如电位法中连续标准加入法则要用特殊的格氏(Gran)作图法求解。

(2) 一般 x 轴代表自变量(如浓度、体积、波长等)，y 轴代表因变量(仪器响应值，如电位、电流、吸光度、透光率等)。坐标轴应标明名称和单位，尽量用符号表示。在图的下方应标明图号、图题及必要的图注。

(3) 直角坐标系中两变量的全部变化范围在两轴上表示的长度应相近，以便正确反映图形特征；坐标轴的分度值应尽量与所用仪器的分度值一致，以便从图上任一点读取数据的有效数字与测量的有效数字一致，即能反映仪器测量的精确程度。

(4) 将测量值绘于坐标系中形成系列数据点，按照点的分布情况作一直线。根据偶然误差概率性质，函数线不必通过全部点，但应通过尽可能多的点，不能通过的应均匀分布在线的两侧邻近，使所描绘的直线能近似表示出测量的平均变化情况。

(5) 作曲线时，在曲线的极大、极小或转折处应多取一些点，以保证曲线所表示规律的可靠性。若发现个别数据点远离曲线，但又不能判断被测物理量在此区域有何变化时，应进行重复实验以判断该点是否代表变量间的某些规律性，否则应当舍弃。作图时，应将各数据点用铅笔及曲线板连接成光滑均匀的曲线。

(6) 若需在一张图上绘制多条曲线时，各组数据点应选用不同符号，或采用不同颜色的线条，以便于相互区别比较；需要标注时，尽量用简明的阿拉伯数字或字母标注，并在图下方注明各标注的含义。

3. 数学方程表示法

以数学方程表示变量间关系的方法称为数学方程表示法，也称为解析法。在分析化学实验中最常用的解析法是回归方程法，即通过对两变量各数据对进行回归分析，求出回归方程，再由此方程求出待测组分的量(或浓度)。

设 x 为自变量，y 为因变量。对于某一 x 值，y 的多次测量值可能有波动，但总是服从一定的分布规律。回归分析就是要找出 y 的平均值 $\overline{y}$ 与 x 之间的关系。若通过相关系数 r 的计算，知道 $\overline{y}$ 与 x 之间呈线性函数关系($r^2 \geqslant 0.99$)，就可以简化为线性回归方程。用最小二乘法解出回归系数 a(截距)与 b(斜率)，即可求出线性回归方程

$$\overline{y}=a+bx$$

采用具有线性回归功能的计算器或应用计算机中的相应软件，将各实验数据对输入，可得出 a、b 及 r 值，无须进行繁复的运算步骤，十分方便。

四、实验报告

NOTE

完成分析化学实验之后，应及时写出实验报告，对已完成的实验进行总结和讨论。

（一）实验报告的一般要求

1. 实验标题

实验编号、实验名称、实验日期、实验者等一般作为实验报告的标题部分，必要时还可注明室温、湿度和气压等。

2. 目的与要求

简要说明本实验的目的与基本要求。

3. 方法原理

可用文字简要说明，亦可用化学反应方程式表示。例如，对于滴定分析，可写出滴定反应方程式、标准溶液标定、指示剂和颜色变化以及滴定结果计算等公式；对于仪器分析，除简要说明分析的方法原理、测定的物理量与待测组分间的定量函数关系外，还可画出实验装置（或实验原理）示意图。

4. 仪器与试剂

写明本实验所用仪器的名称、型号，主要玻璃仪器的规格、数量，主要试剂的品名、规格、浓度等。

5. 实验步骤

简明扼要地列出各实验步骤，一般可用流程图表示。同时记录所观察到的实验现象或附加说明。

6. 实验数据及处理

列出实验所测得的有关数据，并进行误差处理。按相关公式对测量值进行计算（必要时可对测定结果进行精密度和准确度考察），并采用文字、列表、作图（如滴定曲线、吸收曲线等）等形式表示分析结果，最后对实验结果做出明确结论。

7. 问题讨论

可结合实验中遇到的问题、现象及教材中的思考题进行分析讨论，并结合分析化学有关理论，对产生误差或实验失败的原因及解决途径进行探讨，以提高自己分析和解决问题的能力。同时可提出尚未明白的问题，以求得老师的指导。

（二）分析化学实验报告示例

实验题目：NaOH 标准溶液（0.1 mol · L^{-1}）的配制与标定

实验日期：2018.11.13

（1）实验目的和要求（由学生填写）。

（2）实验原理（由学生填写）。

（3）实验仪器及试剂。

电子天平（万分之一精度）、滴定管（25 mL 碱式滴定管）；基准物邻苯二甲酸氢钾（$KHC_8H_4O_4$，$M_{KHC_8H_4O_4}=204.2$ g/mol），于 105～110 ℃干燥至恒重，氢氧化钠饱和溶液。

（4）实验内容（略）。

（5）实验数据记录。

①NaOH 标准溶液（0.1 mol · L^{-1}）的配制：取氢氧化钠饱和溶液 2.8 mL，置于试剂瓶中，加水 500 mL，摇匀，备用。

②邻苯二甲酸氢钾的称量（减重法）见表 6-1。

表 6-1 减重法称量邻苯二甲酸氢钾

	Ⅰ	Ⅱ	Ⅲ	Ⅳ	Ⅴ
（基准物＋称量瓶）初重/g	14.9567	14.5302	14.1113	13.6912	13.2641

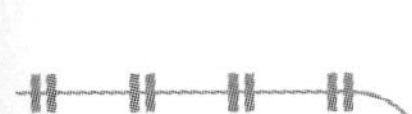

续表

	Ⅰ	Ⅱ	Ⅲ	Ⅳ	Ⅴ
（基准物＋称量瓶）末重/g	14.5302	14.1113	13.6912	13.2641	12.8448
基准物重/g	0.4265	0.4189	0.4201	0.4271	0.4193

③氢氧化钠标准溶液的体积见表 6-2。

表 6-2　消耗的氢氧化钠标准溶液的体积

	Ⅰ	Ⅱ	Ⅲ	Ⅳ	Ⅴ
标准溶液初读数/mL	0.00	0.00	0.00	0.00	0.00
标准溶液终读数/mL	20.88	20.46	20.56	20.98	20.50
消耗标准溶液的体积/mL	20.88	20.46	20.56	20.98	20.50

④实验现象（略）。

（6）结果计算和数据统计（表 6-3）。

表 6-3　计算结果和数据统计

	Ⅰ	Ⅱ	Ⅲ	Ⅳ	Ⅴ	平均值
基准物重/g	0.4265	0.4189	0.4201	0.4271	0.4193	
消耗标准溶液体积/mL	20.88	20.46	20.56	20.98	20.50	
标准溶液的浓度/($mol \cdot L^{-1}$)	0.1000	0.1003	0.1001	0.0997	0.1002	0.1000
单次测定偏差 d/($mol \cdot L^{-1}$)	0.0000	0.0003	0.0001	−0.0003	0.0002	0.0002
相对平均偏差/(%)			0.20			
相对标准偏差/(%)			0.23			

（7）讨论（由学生填写）。

（8）注意事项（略）。

（李云兰）

·第二部分·

化学分析实验

第七章　基本操作

扫码看课件PPT

实验一　电子天平称量练习

【实验目的】

(1) 掌握使用电子天平称量的原理及常用称量方法。

(2) 熟悉电子天平的操作规范及注意事项。

(3) 了解电子天平的构造。

【实验原理】

知识链接 7-1

电子天平是利用电磁补偿原理设计的精密称量仪器。称量时称盘受重力作用,杠杆位移,与称盘相连的线圈产生与重力大小相等、方向相反的电磁力,并通过传感器转换为电信号,以数字和符号的形式显示称量结果。

【仪器和试剂】

知识拓展 7-1

1. 仪器

电子天平(0.0001 g)、称量瓶、小烧杯。

2. 试剂

晶形粉末样品。

【实验内容】

(1) 观察电子天平的水平仪气泡是否在圆环中心,从而确定电子天平是否处于水平状态。若不水平,需旋转水平调节脚。观察电子天平称盘上是否有散落药品及灰尘,用毛刷进行清扫。

(2) 称量前接通电源进行预热。30 min 后按电源开关键开启电子天平,待显示 0.0000 g 时天平稳定,可进行称量。

(3) 直接称量法——称量称量瓶。

电子天平清零(去皮)后,将称量瓶放于称盘上,准确读数,记录为 W_1(g)。重复称量 3 次,求平均值。

(4) 减量称量法——精密称量 0.2～0.4 g 粉末样品。

电子天平经水平调节后,开启,清零,待电子天平显示 0.0000 g 后,将装有样品的称量瓶放在电子天平称盘上,关闭天平门,待数字稳定后,记录为 W_2(g)。按减重称量法操作,从称量瓶中倒出适量样品,如倒出样品量小于 0.2 g 则继续倒出。倒出 0.2～0.4 g 样品,将装有剩余样品的称量瓶重新放于电子天平上,记录为 W_3(g)。两次质量之差即可得出样品的质量,连续称量 3 份。

NOTE

(5) 定重称量法——称量 1.6243 g 粉末样品。

在电子天平上精密称量称量纸(或小烧杯)的质量,用干净的药匙加样 1.6243 g,称量样品和称量纸的总质量,减去称量纸(或小烧杯)的质量即可得出样品的质量。此法适用于不易吸潮、在空气中稳定的样品。

【注意事项】

(1) 严格按照电子天平的使用方法进行操作,称量过程中注意电子天平使用的注意事项。

(2) 称量过程中不得搬动天平。

(3) 减量称量法称量过程中不得再按清零键。

(4) 使用电子天平后,应认真填好使用记录。

思考题答案

【思考题】

(1) 减量称量法称量中能否用药匙进行取样? 为什么?

(2) 称量时直接称量法、减量称量法与定重称量法三种常用称量方法应如何选择? 三种方法分别有何优点?

(牛　琳)

实验二　容量仪器的洗涤与校正

【实验目的】

(1) 掌握容量仪器的洗涤方法。

(2) 熟悉容量仪器校正的原理、方法及意义。

(3) 了解滴定管、移液管、吸量管及容量瓶的正确使用方法。

【实验原理】

滴定分析中常用的容量仪器包括滴定管、移液管、吸量管及容量瓶等。容量仪器的洗涤方法,按照“滴定分析容器的使用”(第一部分第四章)进行。

常用的容量仪器上都有刻度和标示容积(量器上所标示的量值),在生产过程中已经进行检验,通常可满足一般分析测量的要求。但在准确度要求较高的测量工作中,往往需要对容量仪器的容积进行校正。采用绝对校正法来测定容器的实际容积。在 3.98 ℃和真空中称量所得的水的质量(g),在数值上等于其体积(mL)。但是,在实际工作中,通常在室温及空气中称量水的质量,因此,需对以下三项影响因素进行校正。

知识拓展 7-2

(1) 水的密度随温度而改变。

(2) 称量水的质量受空气浮力影响而改变。

(3) 玻璃容器的容积随温度而改变。

进行校正时,须选择一个接近于该容量仪器使用的实际平均温度作为标准温度,通常将 20 ℃定为标准温度,即为容器上所标示容积的温度。通过对上述三项影响因素的校正,即可计算出在某一温度时需称取多少克的水(在空气中,用黄铜砝码)使得所占体积刚好为 20 ℃时该容器所标示的体积:

$$V_t=\frac{m_t}{d_t}$$

式中，V_t 为 t ℃时水的容积；m_t 为在空气中 t ℃时水的质量；d_t 为在空气中 t ℃时用黄铜砝码称量在玻璃容器中 1 mL 水的质量，即密度，可查表 7-1。

应用表 7-1 可方便地进行容量仪器的校正。例如，在 18 ℃时，欲称取 20 ℃时容积为 1 L 的水，其称量值应为 997.49 g；反之，可将水的质量换算为体积。

表 7-1 不同温度下 1 mL 水的质量(用黄铜砝码称量)

温度/℃	d_t/(g/mL)	温度/℃	d_t/(g/mL)	温度/℃	d_t/(g/mL)
5	0.99853	14	0.99804	23	0.99655
6	0.99853	15	0.99792	24	0.99634
7	0.99852	16	0.99778	25	0.99612
8	0.99849	17	0.99764	26	0.99588
9	0.99845	18	0.99749	27	0.99566
10	0.99839	19	0.99733	28	0.99539
11	0.99833	20	0.99715	29	0.99512
12	0.99824	21	0.99695	30	0.99485
13	0.99815	22	0.99676		

【仪器和试剂】

1. 仪器

滴定管(50 mL 或 25 mL)、容量瓶(100 mL)、移液管(25 mL)、温度计(最小分度值 0.1 ℃)、具塞锥形瓶、电子天平(0.0001 g)。

2. 试剂

蒸馏水。

【实验内容】

(1) 常用精密容量仪器(包括滴定管、移液管、吸量管及容量瓶)的洗涤方法，按照“滴定分析容器的使用”内容进行。

知识链接 7-2

(2) 滴定管的校正。

将已测温度的蒸馏水装入已洗净的滴定管中，调节水的弯月面至零刻度处。放出一定体积的水至已称定质量的具塞锥形瓶中，再称量，两次质量差值即为水的质量 m_t，查表 7-1 得出 d_t，计算即可求得真实容积。

(3) 移液管的校正。

使用洗净的移液管吸取已测温度的蒸馏水，调节水的弯月面至标线处。放出一定体积的水至已称量的具塞锥形瓶中，再称量，两次质量差值即为水的质量 m_t，查表 7-1 得出 d_t，计算即可求得真实容积。

(4) 容量瓶的校正。

将洗净沥干的 100 mL 容量瓶进行称量，将已测温度的蒸馏水加入至标线处，再称量，两次质量差值即为水的质量 m_t，查表 7-1 得出 d_t，计算即可求得真实容积。

【注意事项】

(1) 待校正的容量仪器均应彻底清洗并晾干。

NOTE

(2) 拿取、称量锥形瓶时,应戴上洁净的手套,避免锥形瓶被污染。

(3) 校正容量仪器的蒸馏水应预先置于天平室,使其与天平室温度一致。

(4) 校正时,加水至刻度线后,仪器内壁标线以上不能挂水珠。

思考题答案

【思考题】

(1) 为什么滴定分析过程中需使用同一支滴定管或移液管?

(2) 校正容量仪器时为什么需要测水温?

(岑　瑶)

实验三　滴定分析法的基本操作

【实验目的】

(1) 掌握滴定管、移液管及容量瓶的基本操作。

(2) 熟悉滴定终点的观察与判断。

(3) 了解滴定分析常用仪器的洗涤方法。

知识拓展

7-3

【实验原理】

在滴定分析法中,为取得良好的分析结果,必须按照"滴定分析容器的使用"(第一部分第四章)进行滴定管、移液管及容量瓶的操作,并学习观察与判断滴定终点。

【仪器和试剂】

1. 仪器

酸式滴定管(50 mL 或 25 mL)、碱式滴定管(50 mL 或 25 mL)、容量瓶(500 mL)、移液管(25 mL)、锥形瓶(250 mL)、烧杯(250 mL)。

2. 试剂

0.1 $mol \cdot L^{-1}$ HCl 溶液、0.1 $mol \cdot L^{-1}$ NaOH 溶液、酚酞指示剂(0.1%乙醇溶液)、甲基橙指示剂(0.1%水溶液)。

知识链接

7-3

【实验内容】

(1) 常用容量仪器(包括滴定管、移液管及容量瓶)的洗涤方法,按照"滴定分析容器的使用"(第一部分第四章)进行。

(2) 滴定操作及终点判断练习。

①HCl 滴定 NaOH:先检查酸式滴定管是否洗净,再用 0.1 $mol \cdot L^{-1}$ HCl 溶液润洗酸式滴定管 2~3 次,每次 5~10 mL,然后将 HCl 溶液装入酸式滴定管中,排除气泡并调节好零点。取洁净的移液管,用少量 NaOH 溶液润洗 3 次,然后移取 20 mL NaOH 溶液于 250 mL 锥形瓶中,加入 1~2 滴甲基橙指示剂,用 HCl 溶液滴定至溶液由黄色变为橙色,即为终点。记下所消耗的 HCl 溶液的体积。平行操作 3 次。注意掌握滴加一滴、半滴的操作。

②NaOH 滴定 HCl:先检查碱式滴定管是否洗净,再用 0.1 $mol \cdot L^{-1}$ NaOH 溶液润洗碱式滴定管 2~3 次,每次 5~10 mL,然后将 NaOH 溶液装入碱式滴定管中,排除气泡并调节好零点。取洁净的移液管,用少量 HCl 溶液润洗 3 次,然后移取 20 mL HCl 溶液于 250 mL 锥

形瓶中，加入 1～2 滴酚酞指示剂，用 NaOH 溶液滴定至微红色且 30 s 内不褪色，即为终点。记下所消耗的 NaOH 溶液的体积。平行操作 3 次。注意掌握滴加一滴、半滴的操作。

【注意事项】

(1) 本实验中所配制的 0.1 $mol \cdot L^{-1}$ HCl 溶液及 0.1 $mol \cdot L^{-1}$ NaOH 溶液并非标准溶液，仅限在滴定练习中使用。

(2) 每次滴定结束后，应将溶液重新装满滴定管至零点，以减少系统误差。

【思考题】

思考题答案

(1) 锥形瓶使用前是否需要干燥？是否需要用待测溶液润洗？

(2) NaOH 滴定 HCl 到达终点后，变红的溶液在空气中放置后为什么又会变为无色？

(岑　瑶)

扫码看课件
PPT

第八章 酸碱滴定法

实验一 NaOH 标准溶液的配制与标定

【实验目的】

(1) 掌握 NaOH 标准溶液配制的基本原理和方法。

(2) 熟悉碱式滴定管的规范操作和酚酞指示剂终点颜色的判断。

(3) 了解减量称量法。

【实验原理】

NaOH 溶液是酸碱滴定法中常用的滴定剂,但由于 NaOH 固体易吸潮,也易吸收空气中的 CO_2,溶液中常含有少量 Na_2CO_3,无法得到 NaOH 基准物,所以配制 NaOH 标准溶液无法用直接法配制,只能采用间接法配制。

知识拓展
8-1

配制不含 Na_2CO_3 的 NaOH 标准溶液的方法较多,最常用的是浓碱法。取 NaOH 饱和溶液(Na_2CO_3 在 NaOH 饱和溶液中由于同离子效应,会在溶液中沉淀),待 Na_2CO_3 沉淀后,量取一定量的上层清液,稀释至所需浓度,即可得不含 Na_2CO_3 的 NaOH 溶液。NaOH 饱和溶液的物质的量浓度约为 20 mol·L^{-1}。配制 NaOH 溶液(0.1 mol·L^{-1})500 mL,应取 NaOH 饱和溶液 2.5 mL,为保证其浓度略大于 0.1 mol·L^{-1},故规定取 2.8 mL。用于配制 NaOH 溶液的水,应为新煮沸放冷的蒸馏水,以避免 Na_2CO_3 的再次生成。

标定 NaOH 标准溶液的基准物有很多,如草酸($H_2C_2O_4 \cdot 2H_2O$)、苯甲酸(C_6H_5COOH)、邻苯二甲酸氢钾($HOOCC_6H_4COOK$)等。邻苯二甲酸氢钾具有易于干燥、不吸湿、相对分子质量大等优点,常用作 NaOH 标准溶液标定的基准物。标定反应如下。

$$NaOH + C_6H_4(COOH)(COOK) \rightleftharpoons C_6H_4(COONa)(COOK) + H_2O$$

化学计量点时,溶液中的溶质邻苯二甲酸钾钠盐呈弱碱性,应选用酚酞为指示剂。

【仪器和试剂】

1. 仪器

称量瓶、碱式滴定管(50 mL 或 25 mL)、锥形瓶(250 mL)、量筒(100 mL、10 mL)、试剂瓶(500 mL)、分析天平(万分之一)等。

2. 试剂

氢氧化钠(AR),邻苯二甲酸氢钾(基准试剂),酚酞指示剂(0.1%乙醇溶液)。

NOTE

【实验内容】

1. NaOH 标准溶液的配制

(1) NaOH 饱和溶液的配制:称取 NaOH 约 120 g,加蒸馏水 100 mL,振摇使溶液成饱和溶液。冷却后,置于聚乙烯塑料瓶中,静置数日,澄清后备用。

(2) NaOH 标准溶液($0.1\ mol \cdot L^{-1}$)的配制:量取澄清的 NaOH 饱和溶液 2.8 mL,置于带有橡皮塞的试剂瓶中,加新煮沸放冷的蒸馏水 500 mL,摇匀即得。

知识链接

8-1

2. NaOH 标准溶液($0.1\ mol \cdot L^{-1}$)的标定 精密称取在 105~110 ℃干燥至恒重的基准物邻苯二甲酸氢钾约 0.45 g,置于锥形瓶中,加入新煮沸放冷的蒸馏水 50 mL,小心振摇使之完全溶解,加酚酞指示剂 2 滴,用 NaOH 溶液($0.1\ mol \cdot L^{-1}$)滴定至溶液呈淡粉红色,且 30 s 内不褪色为滴定终点,记录所消耗的 NaOH 溶液的体积。根据邻苯二甲酸氢钾的质量和所消耗 NaOH 溶液的体积,按下式计算 NaOH 标准溶液浓度。

$$c_{NaOH}=\frac{m_{KHC_8H_4O_4}\times 1000}{V_{NaOH}\times M_{KHC_8H_4O_4}}$$

$$M_{KHC_8H_4O_4}=204.2\ g/mol$$

平行滴定 3 次,计算 3 次浓度的平均值、相对平均偏差相对标准偏差。

【结果记录及计算】

计算结果记录于表 8-1 中。

表 8-1 计算结果

	1	2	3
基准物质量/g			
消耗标准溶液的体积/mL			
标准溶液的浓度/($mol \cdot L^{-1}$)			
标准溶液浓度平均值/($mol \cdot L^{-1}$)			
单次测定偏差 d/($mol \cdot L^{-1}$)			
平均偏差/($mol \cdot L^{-1}$)			
相对平均偏差/(%)			
相对标准偏差/(%)			

【注意事项】

(1) 固体 NaOH 应在干燥洁净的小烧杯中称量,不能在称量纸上称量。

(2) 滴定之前需对碱式滴定管进行检查、洗涤和排气泡。

(3) 所使用的锥形瓶应编号,称量基准物的质量和滴定时消耗标准溶液的体积应与编号一致,以免造成计算错误。

(4) 滴定之前最好每次都将标准溶液添加到滴定管零点刻度处,再进行滴定。

(5) 基准物邻苯二甲酸氢钾在水中溶解较慢,应将其在干燥前研细,有利于其溶解。滴定之前应仔细观察锥形瓶中邻苯二甲酸氢钾是否完全溶解,避免出现未溶物继续溶解而使指示剂褪色。

(6) 准确判断滴定终点,应为淡粉红色,且 30 s 不褪去即为终点。放置较长时间后褪色是由于空气中 CO_2 的影响,不应再加滴标准溶液。

NOTE

【思考题】

(1) 用于滴定的锥形瓶是否需要干燥？是否需要润洗？为什么？

(2) 采用托盘天平称量 NaOH 固体是否影响结果的准确度？是否需要用分析天平称量？

(3) “称量邻苯二甲酸氢钾基准物约 0.45 g”中的“0.45 g”应如何计算得出？

思考题答案

(信建豪)

实验二 乙酰水杨酸原料药的含量测定

【实验目的】

(1) 掌握酸碱滴定法测定乙酰水杨酸含量的原理和方法。

(2) 熟悉正确判断酚酞指示剂的滴定终点。

知识拓展

8-2

【实验原理】

乙酰水杨酸，又名阿司匹林，属于芳酸酯类药物，分子结构中有一个羧基，呈酸性。在 25 ℃时，$K_a=3.27\times10^{-4}$，可用 NaOH 标准溶液直接滴定测定其含量。但其结构上的乙酰基在碱的作用下易发生水解，从而过多地消耗标准溶液，所以在溶液中先加入中性乙醇，使其与乙酰基结合，形成保护层，阻止乙酰基的水解。化学计量点时，溶液呈微碱性，可选用酚酞作为指示剂。

【仪器和试剂】

1. 仪器

碱式滴定管(50 mL 或 25 mL)、锥形瓶(250 mL)、烧杯(100 mL)、量筒(100 mL、10 mL)。

2. 试剂

乙酰水杨酸(原料药)、NaOH 标准溶液($0.1\ mol\cdot L^{-1}$)、酚酞指示剂(0.1%乙醇溶液)、中性乙醇(取 95%乙醇 40 mL，加酚酞指示剂 8 滴，用 $0.1\ mol\cdot L^{-1}$ NaOH 溶液滴定至淡红色，即得)。

【实验内容】

取本品约 0.4 g，精密称定，加中性乙醇 20 mL，振摇溶解后，加酚酞指示剂 3 滴，在不超过 10 ℃下，用 NaOH 标准溶液($0.1\ mol\cdot L^{-1}$)滴定至淡红色，30 s 内不褪色即为终点。按下式计算试样中乙酰水杨酸的百分含量。

知识链接

8-2

$$\omega_{C_9H_8O_4}(\%)=\frac{(cV)_{NaOH}M_{C_9H_8O_4}}{m_{C_9H_8O_4}\times1000}\times100\%$$

式中，$M_{C_9H_8O_4}$ 为乙酰水杨酸样品的质量；$M_{C_9H_8O_4}$ 为 180.2 g/mol。

平行滴定 3 次，计算乙酰水杨酸百分含量的平均值，相对平均偏差或相对标准偏差。

【注意事项】

NOTE

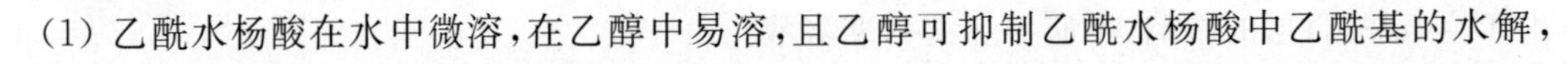

(1) 乙酰水杨酸在水中微溶，在乙醇中易溶，且乙醇可抑制乙酰水杨酸中乙酰基的水解，

故选用乙醇为溶剂，为避免乙醇中含少量的杂质酸，应预先中和。

（2）为了避免样品水解，实验中滴定速度应稍快，充分振摇。

【思考题】

思考题答案

（1）本实验所用乙醇，为什么要滴加 NaOH 溶液至其呈中性？

（2）计算称取试样量的原则是什么？本实验每份试样的称量约 0.4 g 是怎么求得的？

（信建豪）

实验三　苯甲酸的含量测定

【实验目的】

（1）掌握酸碱滴定法测定苯甲酸含量的原理和方法。

（2）熟悉酚酞指示剂的滴定终点的判断。

【仪器和试剂】

1. 仪器

碱式滴定管（50 mL 或 25 mL）、锥形瓶（250 mL）、量筒（100 mL）。

2. 试剂

NaOH 标准溶液（0.1 mol·L^{-1}）、酚酞指示剂（0.1%）、中性稀乙醇。

【实验原理】

知识拓展 8-3

苯甲酸属于芳香羧酸类药物，其电离常数 $K_a=6.3\times10^{-3}$，可用标准碱溶液直接滴定，其反应式为

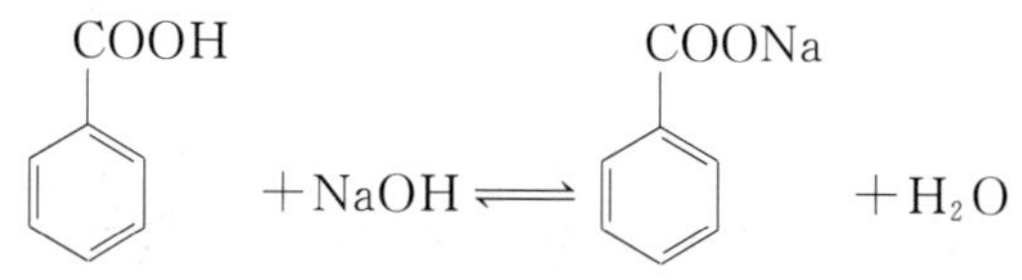

但苯甲酸在水中溶解度较小，所以应溶解在中性稀乙醇中。

化学计量点时，生成物是强碱弱酸盐，溶液呈微碱性，应选用碱性区域变色的指示剂，本实验选用酚酞作为指示剂。

【实验内容】

精密称取本品约 0.27 g，加入中性稀乙醇（对酚酞指示剂显中性）25 mL 溶解后，加酚酞指示剂 2 滴，用 NaOH 标准溶液（0.1 mol·L^{-1}）滴定至淡红色。根据下式计算苯甲酸的百分含量。

$$\omega_{C_7H_6O_2}(\%)=\frac{c_{NaOH}V_{NaOH}M_{C_7H_6O_2}}{S\times1000}\times100\%$$

知识链接 8-3

式中，S 为苯甲酸样品的质量；$M_{C_7H_6O_2}$ 为 122.12 g/mol。

平行测定 3 次，计算苯甲酸百分含量的平均值、相对平均偏差或相对标准偏差。

【注意事项】

（1）苯甲酸在水中微溶，在乙醇中易溶，故用中性稀乙醇为溶剂。

(2) 中性稀乙醇的配制：取 95%乙醇 53 mL，加水至 100 mL，加酚酞指示剂 3 滴，滴加 NaOH 溶液至淡红色，即得。

(3) 计算时使用已经标定的标准溶液的准确浓度。

思考题答案

【思考题】

(1) 每份样品称量约 0.27 g 是如何求得的？

(2) 若实验需用 50%（体积分数）的乙醇 75 mL，问需取 95%（体积分数）的乙醇多少毫升？

（信建豪）

实验四　草酸的含量测定

【实验目的】

(1) 掌握 NaOH 标准溶液的配制、标定及有关玻璃仪器的使用。

(2) 熟悉碱式滴定管的使用，练习滴定操作。

(3) 了解酸碱指示剂的选择方法。

知识拓展 8-4

【实验原理】

$H_2C_2O_4$ 为有机弱酸，其 $K_{a_1}=5.9\times10^{-2}$，$K_{a_2}=6.4\times10^{-5}$。由于其 $cK_{a_1}>10^{-8}$，$cK_{a_2}>10^{-8}$，$K_{a_1}/K_{a_2}<10^4$，故可在水溶液中一次性滴定其两步离解的 H^+。

$$H_2C_2O_4+2NaOH \rightleftharpoons Na_2C_2O_4+2H_2O$$

化学计量点时，pH 为 8.4 左右，可用酚酞作为指示剂。

【仪器和试剂】

1. 仪器

分析天平（0.0001 g）、碱式滴定管（50 mL 或 25 mL）、移液管（20 mL）、锥形瓶（250 mL）。

2. 试剂

NaOH(AR)、样品 $H_2C_2O_4\cdot2H_2O$(AR)、酚酞指示剂等。

知识链接 8-4

【实验内容】

精密称取草酸试样约 0.5 g，置于小烧杯中，加 20 mL 蒸馏水溶解，然后定量转移至 100 mL 容量瓶中，用蒸馏水稀释至刻度，摇匀。

用移液管精密移取试样溶液 20.00 mL 于 250 mL 锥形瓶中，加酚酞指示剂 1～2 滴，用 NaOH 标准溶液（0.1 mol·L^{-1}）滴定至溶液呈微红色，30 s 内不褪色即为终点。平行测定 3 次。根据下式计算草酸的百分含量。

$$\omega_{H_2C_2O_4}(\%)=\frac{\frac{1}{2}(cV)_{NaOH}\cdot\frac{M_{H_2C_2O_4\cdot2H_2O}}{1000}}{m_{样}\cdot\frac{20}{100}}\times100\%$$

式中，$M_{H_2C_2O_4\cdot2H_2O}$ 为 126.23 g/mol；$m_{样}$ 为称取的草酸试样质量。

【注意事项】

(1) 滴定时要注意观察滴落点周围溶液颜色的变化。开始时应边摇边滴，滴定速度可稍快，但不要形成连续水流。接近终点时，滴定速度应适当放慢，采用半滴操作至滴定终点。

(2) 每次滴定应从“0.00” mL 处开始滴定，以减小系统误差。

【思考题】

(1) 滴定时如何正确旋摇锥形瓶？

(2) 为什么不能用待测液润洗锥形瓶？对测定结果有何影响？

思考题答案

（韦国兵）

实验五　混合酸(盐酸和磷酸)的含量测定

【实验目的】

(1) 掌握混合酸的分析方法。

(2) 熟悉双指示剂法测定 HCl 和 H_3PO_4 混合物中各组分的原理和方法。

(3) 了解酸式滴定管的使用。

【实验原理】

知识拓展 8-5

HCl 与 H_3PO_4 混合溶液，用 NaOH 标准溶液滴定，取一份溶液加入甲基橙指示剂，当甲基橙变色时，HCl 全部被 NaOH 中和，而 H_3PO_4 只被滴定到生成 NaH_2PO_4，这时共用去 NaOH 标准溶液的体积是 V_1，此时的反应：$HCl + NaOH \longrightarrow NaCl + H_2O$，$H_3PO_4 + NaOH \longrightarrow NaH_2PO_4 + H_2O$，再加入酚酞指示剂，滴定至酚酞变色时，用去 NaOH 标准溶液的体积是 V_2。此时的反应：$NaH_2PO_4 + NaOH \longrightarrow Na_2HPO_4 + H_2O$。

HCl 消耗 NaOH 标准溶液的体积为 $V_1 - V_2$；H_3PO_4 消耗 NaOH 标准溶液的体积(酚酞变色时)为 V_2。

【仪器和试剂】

1. 仪器

碱式滴定管(50 mL 或 25 mL)、锥形瓶、移液管(25 mL)、量筒、容量瓶(250 mL、100 mL)。

2. 试剂

甲基橙指示剂、酚酞指示剂、NaOH 标准溶液($0.1\ mol \cdot L^{-1}$)、混合酸(分别取 36.5%的浓盐酸 4.5 mL 和 85%的磷酸 16.7 mL，加水稀释到 500 mL)。

【实验内容】

用移液管精密移取 25.00 mL 混合酸于锥形瓶中，加入 1 滴甲基橙指示剂，用 NaOH 标准溶液($0.1\ mol \cdot L^{-1}$)滴定。当溶液颜色由红色变为黄色时记下此时的体积(V_1)，再向该溶液中加入 1 滴酚酞指示剂，用 NaOH 标准溶液($0.1\ mol \cdot L^{-1}$)滴定至溶液由无色变为红色时记下此时的体积(V_2)。用下式分别计算 HCl 与 H_3PO_4 的浓度。平行测定 3 次。

NOTE

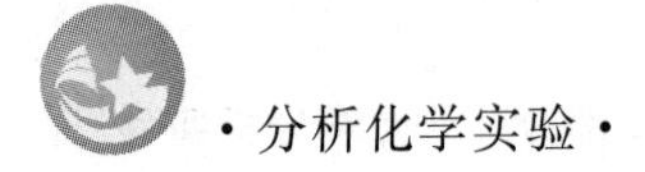

$$c_{HCl}=\frac{c_{NaOH}(V_1-V_2)}{25.00}$$

$$c_{H_3PO_4}=\frac{c_{NaOH}V_2}{25.00}$$

知识链接

8-5

【注意事项】

(1) 多元弱酸滴定,近滴定终点时需不停地旋摇。

(2) 终点判断的经验:当加入1滴NaOH标准溶液后,溶液由无色变为红色(较深),旋摇30 s褪去,可再加半滴,即可至终点。当加入1滴NaOH标准溶液后,溶液由无色变成红色(浅红),旋摇30 s褪去,可再加1滴,即可至终点。

思考题答案

【思考题】

(1) 实验中能否用甲基红作为指示剂?

(2) 为什么盐酸与磷酸的混合酸可用氢氧化钠直接滴定?

(韦国兵)

实验六 HCl标准溶液的配制与标定

【实验目的】

(1) 掌握HCl标准溶液的配制方法。

(2) 熟悉用基准物标定HCl标准溶液的原理和方法。

(3) 了解甲基红和甲基红-溴甲酚绿指示剂的使用和滴定终点的确定。

【实验原理】

用来配制酸标准溶液的强酸有盐酸和硫酸,盐酸最为常用,因为用HCl标准溶液滴定时,生成的氯化物大多易溶于水。由于浓盐酸的挥发性,一般先配制成近似所需浓度的溶液,再用基准物来标定。

用来标定HCl标准溶液的基准物有无水碳酸钠(Na_2CO_3)及硼砂($Na_2B_4O_7 \cdot 10H_2O$)。无水碳酸钠易得纯品,价廉,但有吸湿性,能吸收CO_2,所以用前必须在270~300 ℃干燥至恒重,置于干燥器中备用。硼砂的摩尔质量大,可以减小称量误差,但因含有结晶水,需要保存在含有饱和NaCl和蔗糖溶液的密闭恒湿容器中。

知识拓展

8-6

用Na_2CO_3标定HCl溶液的反应为

$$Na_2CO_3+2HCl \xlongequal{} 2NaCl+H_2CO_3$$

$$H_2CO_3 \longrightarrow H_2O+CO_2$$

化学计量点时,pH=3.8,可选用甲基红-溴甲酚绿作为指示剂。

用硼砂标定HCl溶液的反应为

$$Na_2B_4O_7+2HCl+5H_2O \xlongequal{} 2NaCl+4H_3BO_3$$

化学计量点时,pH约为5.1,可选用甲基红作为指示剂。

【仪器和试剂】

1. 仪器

分析天平(0.1 mg)、电炉、酸式滴定管(50 mL 或 25 mL)、锥形瓶(250 mL)、量筒(10 mL、100 mL、1000 mL)、试剂瓶(500 mL,具玻璃塞)。

2. 试剂

浓盐酸、无水碳酸钠(基准试剂)、硼砂(基准试剂)、甲基红指示剂(0.1%乙醇溶液)、甲基红-溴甲酚绿混合指示剂(0.2%甲基红乙醇溶液与0.1%溴甲酚绿乙醇溶液,1∶3)。

【实验内容】

1. HCl 标准溶液(0.1 mol·L⁻¹)的配制

用 10 mL 量筒量取浓盐酸 4.5 mL,倒入一洁净的具有玻璃塞的试剂瓶中,加蒸馏水稀释至 500 mL,摇匀即得。

2. HCl 标准溶液(0.1 mol·L⁻¹)的标定

(1) 以无水碳酸钠作为基准物:取在 270～300 ℃干燥至恒重的基准物无水碳酸钠约 0.12 g,精密称定,置于 250 mL 锥形瓶中,加水 50 mL 使其溶解,加甲基红-溴甲酚绿混合指示剂 10 滴,用 HCl 标准溶液(0.1 mol·L⁻¹)滴定至溶液由绿色转变为紫红色时,煮沸 2 min,冷却至室温,继续滴定至溶液由绿色变为暗紫色,即为终点。平行测定 3 次。根据下式计算 HCl 溶液的浓度。

$$c_{HCl}=\frac{2\times m_{Na_2CO_3}}{M_{Na_2CO_3}\times\frac{V_{HCl}}{1000}}$$

式中,$M_{Na_2CO_3}$ 为 105.99 g/mol。

(2) 以硼砂作为基准物:取硼砂约 0.42 g,精密称定,置于 250 mL 锥形瓶中,加蒸馏水 50 mL 使之溶解(在 20 ℃时,100 g 水中可溶解 5 g 硼砂,如果温度太低,可适量加入温热的蒸馏水,加速溶解,但滴定时一定要冷却至室温),加甲基红指示剂 2 滴,用 HCl 标准溶液滴定至溶液由黄色恰好变为橙色,即为终点。平行测定 3 次。根据下式计算 HCl 溶液的浓度。

知识链接

8-6

$$c_{HCl}=\frac{2\times m_{Na_2B_4O_7\cdot 10H_2O}}{M_{Na_2B_4O_7\cdot 10H_2O}\times\frac{V_{HCl}}{1000}}$$

式中,$M_{Na_2B_4O_7\cdot 10H_2O}$为 381.37 g/mol。

【注意事项】

(1) 碳酸钠易吸水,称量要快。

(2) 正确使用酸式滴定管,如检查是否漏液,气泡是否除尽,近终点时 1 滴和半滴的正确操作方法。

【思考题】

(1) 标定 0.1 mol·L⁻¹ HCl 标准溶液时,基准物硼砂的称取量如何计算?

(2) 下列情况将使盐酸浓度测定结果偏高、偏低还是无影响?

①用在干燥器中长期保存的硼砂基准物标定 HCl 溶液的浓度。

②用吸潮的碳酸钠基准物标定 HCl 溶液的浓度。

思考题答案

(3) 用碳酸钠标定 HCl 溶液，滴定至近终点时，为什么需要将溶液煮沸？

(魏芳弟)

实验七　药用硼砂的含量测定

【实验目的】

(1) 掌握酸碱滴定法测定硼砂含量的原理和方法。

(2) 熟悉甲基红指示剂的滴定终点的判断。

【实验原理】

硼砂($Na_2B_4O_7 \cdot 10H_2O$)是强碱弱酸盐，可用 HCl 标准溶液直接滴定，其反应为

$$Na_2B_4O_7 + 2HCl + 5H_2O = 2NaCl + 4H_3BO_3$$

滴定至终点时为 H_3BO_3 的水溶液，pH 约为 5.1，故选用甲基红(pH 变色范围 4.4～6.2)为指示剂。终点颜色由黄色转变为橙色。

【仪器和试剂】

知识拓展

8-7

1. 仪器

分析天平(0.1 mg)，电炉，酸式滴定管(50 mL 或 25 mL)，锥形瓶(250 mL)，量筒(100 mL)。

2. 试剂

硼砂(药用)，HCl 标准溶液(0.1 mol·L^{-1})，甲基红指示剂(0.1%乙醇溶液)。

知识链接

8-7

【实验内容】

取本品约 0.42 g，精密称定，置于 250 mL 锥形瓶中，加蒸馏水 50 mL 使之溶解(在 20 ℃时，100 g 水中可溶解 5 g 硼砂，如果温度太低，可加入适量温热的蒸馏水，加速溶解，但滴定时一定要冷却至室温)，加甲基红指示剂 2 滴，用 HCl 标准溶液(0.1 mol·L^{-1})滴定至溶液由黄色恰好变为橙色，即为终点。平行测定 3 次。根据下式，计算硼砂的质量分数。

$$w_{Na_2B_4O_7 \cdot 10H_2O}(\%) = \frac{\frac{1}{2}c_{HCl}V_{HCl}M_{Na_2B_4O_7 \cdot 10H_2O}}{S \times 1000} \times 100\%$$

式中，S 为称取的硼砂的质量；$M_{Na_2B_4O_7 \cdot 10H_2O}$ 为 381.37 g/mol。

【注意事项】

(1) 称取的硼砂量大，不易溶解，可适量加入温热的蒸馏水或加热助溶，待冷却后再进行滴定。

(2) 滴定终点的颜色应为橙色，如果偏红，表明滴定过量，会使结果偏高。

思考题答案

【思考题】

(1) 本实验是否能用甲基橙或酚酞作为指示剂？为什么？

（2）若硼砂部分风化，则测定结果偏高还是偏低？为什么？

（魏芳弟）

实验八 α-氨基酸的含量测定

【实验目的】

（1）掌握 α-氨基酸的含量测定方法。

（2）熟悉 $HClO_4$-冰醋酸滴定剂的配制与标定，熟悉常用非水指示剂的变色原理和终点颜色的确定。

（3）了解非水滴定法的基本原理。

【实验原理】

α-氨基酸分子中同时含有—NH_2 和—COOH，故为两性物质。在水溶液中，由于 α-氨基酸中的氨基碱性一般很弱，羧基的酸性也很弱，无法准确滴定。但在非水溶剂中，采用 $HClO_4$-冰醋酸为滴定剂，结晶紫为指示剂，则能准确滴定。其反应如下：

$$\mathrm{R{-}\underset{NH_2}{\overset{H}{C}}{-}COOH + HClO_4 \rightleftharpoons R{-}\underset{NH_3^+ClO_4^-}{\overset{H}{C}}{-}COOH}$$

滴定反应的产物为 α-氨基酸的高氯酸盐。

结晶紫为三苯甲烷类指示剂，它的颜色随物质酸度的不同而变化，颜色变化为紫色（碱式色）→蓝色→蓝绿色→黄色（酸式色）。对于弱碱性物质，一般滴定至蓝色或蓝绿色为终点。为了准确确定终点，最好同时采用电位滴定法对照。

如试样较难溶于冰醋酸介质，可在冰醋酸中加入适量的甲酸助溶；也可采用加入过量的 $HClO_4$-冰醋酸溶液，待试样溶解完全后，用 NaAc-冰醋酸返滴定过量的 $HClO_4$。

由于反应中 1 个—NH_2 接受 1 个溶剂化质子，故 $HClO_4$ 的物质的量等于 α-氨基酸的物质的量。

知识拓展 8-8

【仪器和试剂】

1. 仪器

酸式滴定管（50 mL 或 25 mL）、锥形瓶（250 mL）。

2. 试剂

邻苯二甲酸氢钾、结晶紫（0.2%冰醋酸溶液）、冰醋酸、甲酸、醋酸酐、α-氨基酸试样（可选用丙氨酸、谷氨酸、甘氨酸等）。

【实验内容】

1. 0.1 $mol \cdot L^{-1}$ $HClO_4$-冰醋酸滴定剂的配制

在温度不超过 25 ℃的 750～900 mL 的冰醋酸中缓缓加入质量分数为 72%的高氯酸 8.5 mL，混匀，再加入 9.5 g（约 8.8 mL 或 9.0 mL）醋酸酐，仔细搅拌均匀至室温，用冰醋酸稀释至 1000 mL，放置 24 h，使醋酸酐与溶液中的水充分反应完全。

NOTE

2. $HClO_4$-冰醋酸滴定剂的标定

准确称取在 105～110 ℃干燥至恒重的基准物 $KHC_8H_4O_4$ 约 0.20 g，置于干燥洁净的锥形瓶中，加入 20～25 mL 冰醋酸使其完全溶解，必要时可温热数分钟。冷却至室温，加入 1～2 滴指示剂，用 $HClO_4$-冰醋酸溶液滴定到紫色消失，初现蓝色即为终点。取同量的同一溶剂冰醋酸做空白实验，如空白值高则应从标定时所消耗滴定剂的体积中扣除，如少则可不必扣除。平行测定 3 次。

知识链接 8-8

3. α-氨基酸含量的测定

准确称取试样约 0.10 g，置于锥形瓶中，加 20 mL 冰醋酸溶解，如试样溶解不完全，可加 1 mL 甲酸助溶，并加 1 mL 醋酸酐以除去试样和冰醋酸中的水分。待试样完全溶解后，加入 1 滴甲基紫指示剂，用 $HClO_4$-冰醋酸溶液滴定至溶液由紫色转变为蓝(绿)色，即为终点，平行测定 3 次。按照下式计算试样中 α-氨基酸的含量。平行测定 3 次。

$$w_{\alpha\text{-氨基酸}}(\%)=\frac{c_{HClO_4}V_{HClO_4}M_{\alpha\text{-氨基酸}}}{S\times 1000}\times 100\%$$

【注意事项】

(1) 所有仪器和样品均不得有水分存在，所用试剂的含水量均应在 0.2%以下，必要时加入适量的醋酸酐以脱水。

(2) $HClO_4$-冰醋酸滴定剂的表面张力较大，沿着滴定管壁流动时的速度缓慢，因此实际操作中滴定速度非常重要。在实际操作过程中应使滴定速度保持连续的点滴状。

(3) 冰醋酸有刺激性，高氯酸与有机物接触，遇热极易引起爆炸，和醋酸酐混合时易发生剧烈反应放出大量热。因此，配制 $HClO_4$-冰醋酸滴定液时，应先将高氯酸用冰醋酸稀释，再在不断搅拌下缓缓滴加适量醋酸酐，量取高氯酸的量筒不得量取醋酸酐，以免引起爆炸。

(4) $HClO_4$-冰醋酸滴定液应置于棕色瓶中避光保存，若颜色变黄，则说明高氯酸部分分解，不得再使用。

【思考题】

思考题答案

(1) $HClO_4$-冰醋酸滴定剂中一般需要加入醋酸酐，为什么？写出反应式。

(2) 甘氨酸在水中的存在形态是什么？能否在水溶液中准确滴定甘氨酸？

(3) 冰醋酸对于 $HClO_4$、H_2SO_4、HCl、HNO_3 四种酸是什么溶剂？水对于这四种酸是什么溶剂？

(4) 什么叫非水酸碱滴定法？

(曹洪斌)

实验九　双指示剂法测定混合碱中各组分的含量

【实验目的】

(1) 掌握双指示剂法测定混合碱中各组分含量的原理和方法。

(2) 熟悉移液管、容量瓶和滴定管的使用方法。

(3) 了解双指示剂的变色原理。

【实验原理】

混合碱通常是指 NaOH 与 Na_2CO_3 或 $NaHCO_3$ 与 Na_2CO_3 的混合物，可采用双指示剂法，使用酚酞和甲基橙指示剂，测定混合碱中各组分的含量。

滴定时，首先在混合碱试液中加入酚酞指示剂，用 HCl 标准溶液滴定，至溶液由红色恰好褪为无色，即为第一滴定终点，记下消耗的 HCl 标准溶液的体积为 V_1(mL)，溶液的 pH 约为 8.31，此时发生的反应为

$$NaOH + HCl = NaCl + H_2O$$

$$Na_2CO_3 + HCl = NaCl + NaHCO_3$$

再加入甲基橙指示剂，继续用 HCl 标准溶液滴定，至溶液由黄色恰好变为橙色，即为第二滴定终点，记下第二次滴定所消耗的 HCl 标准溶液的体积为 V_2(mL)，溶液的 pH 约为3.88，此时发生的反应为

$$NaHCO_3 + HCl = NaCl + CO_2\uparrow + H_2O$$

根据 V_1 和 V_2 的大小，可分别判断并计算混合碱试样中各组分的含量。

(1) 若 $V_1 > V_2$，则混合碱试样由 NaOH 和 Na_2CO_3 组成。各组分含量的计算式为

$$\omega_{NaOH}(\%) = \frac{c_{HCl} \times (V_1 - V_2) \times 10^{-3} \times M_{NaOH} \times \frac{100}{25}}{m_{试样}} \times 100\%$$

$$\omega_{Na_2CO_3}(\%) = \frac{c_{HCl} \times V_2 \times 10^{-3} \times M_{Na_2CO_3} \times \frac{100}{25}}{m_{试样}} \times 100\%$$

式中，M_{NaOH} 为 40.00 g/mol；$M_{Na_2CO_3}$ 为 105.99 g/mol。

(2) 若 $V_1 < V_2$，则混合碱试样由 $NaHCO_3$ 与 Na_2CO_3 组成。各组分含量的计算式为

知识拓展

8-9

$$\omega_{Na_2CO_3}(\%) = \frac{c_{HCl} \times V_1 \times 10^{-3} \times M_{Na_2CO_3} \times \frac{100}{25}}{m_{试样}} \times 100\%$$

$$\omega_{NaHCO_3}(\%) = \frac{c_{HCl} \times (V_2 - V_1) \times 10^{-3} \times M_{NaHCO_3} \times \frac{100}{25}}{m_{试样}} \times 100\%$$

式中，$M_{Na_2CO_3}$ 为 105.99 g/mol；M_{NaHCO_3} 为 84.01 g/mol。

【仪器和试剂】

1. 仪器

酸式滴定管(50 mL 或 25 mL)，移液管(25 mL)，锥形瓶(250 mL)，容量瓶(100 mL)，烧杯(100 mL)，电子天平(0.1 mg)。

2. 试剂

混合碱试样，0.1 mol·L^{-1} HCl 标准溶液，酚酞指示剂(0.1%乙醇溶液)，甲基橙指示剂(0.1%水溶液)。

【实验内容】

知识链接

8-9

(1) 精密称取混合碱试样约 0.4 g 于 100 mL 小烧杯中，加入适量新煮沸冷却至室温的蒸馏水溶解，冷却至室温，定量转移至 100 mL 容量瓶中，用新煮沸冷却至室温的蒸馏水稀释至刻度，充分摇匀。

(2) 用移液管精密量取上述试液 25.00 mL 于锥形瓶中，加入酚酞指示剂 2～3 滴，用 HCl 标准溶液(0.1 mol·L^{-1})滴定，至溶液由红色恰好褪为无色，记下消耗的 HCl 标准溶液的体

积为 V_1(mL)。

(3) 再加入甲基橙指示剂 2～3 滴，继续用 HCl 标准溶液(0.1 mol·L^{-1})滴定，至溶液由黄色恰好变为橙色，记下第 2 次滴定所消耗的 HCl 标准溶液的体积为 V_2(mL)。

(4) 平行测定 3 次，根据 V_1、V_2 的关系判断混合碱试样的组成，并计算各组分的含量。

【注意事项】

(1) 为了尽量除去水中溶解的 CO_2，溶解混合碱试样时需用新煮沸冷却至室温的蒸馏水。

(2) 所配制的混合碱试液不宜久置于空气中，否则容易吸收 CO_2，使得 Na_2CO_3 含量偏高。

(3) 在接近第一滴定终点时，滴定速度稍慢，需充分摇匀，否则溶液中 HCl 局部过浓，使得 $NaHCO_3$ 迅速反应为 H_2CO_3 并分解，产生滴定误差。

(4) 在接近第二滴定终点时，需充分摇匀，防止形成过饱和的 CO_2 水溶液而导致滴定终点提前。

思考题答案

【思考题】

(1) 分别计算本实验两个滴定终点时溶液的 pH，分别说明选择酚酞、甲基橙指示剂的依据。

(2) 采用双指示剂法测定混合碱试样，根据下列 5 种情况中所消耗的 HCl 标准溶液的体积 V_1、V_2 的关系判断混合碱试样的组成。

(a)$V_1=0, V_2>0$ (b)$V_1>0, V_2=0$ (c)$V_1=V_2$ (d)$V_1>V_2$ (e)$V_1<V_2$

(岑 瑶)

实验十 高氯酸标准溶液的配制与标定

【实验目的】

(1) 掌握高氯酸标准溶液的配制与标定的原理及方法。

(2) 熟悉非水溶液酸碱滴定法的原理及方法。

(3) 了解微量滴定管的使用方法。

【实验原理】

在冰醋酸中，高氯酸酸性最强。故在非水溶液滴定中，常用高氯酸-冰醋酸溶液作为滴定的标准溶液。为避免水分对滴定产生影响，常加入适量醋酸酐除去高氯酸及冰醋酸中的水分。

常用邻苯二甲酸氢钾作为基准物，结晶紫为指示剂，标定高氯酸标准溶液的浓度。滴定反应如下：

$$C_6H_4(COOK)(COOH) + HClO_4 \rightleftharpoons C_6H_4(COOH)_2 + KClO_4$$

生成的 $KClO_4$ 不溶于冰醋酸溶液，因而滴定过程中会产生白色沉淀。

知识拓展 8-10

【仪器和试剂】

1. 仪器

微量滴定管(10 mL)，锥形瓶(50 mL)，量筒(100 mL)，电子天平(0.1 mg)。

2. 试剂

高氯酸，冰醋酸，醋酸酐，邻苯二甲酸氢钾，结晶紫指示剂(0.5%冰醋酸溶液)。

【实验内容】

知识链接

8-10

1. 高氯酸标准溶液(0.1 mol・L^{-1})的配制

取冰醋酸 750 mL，加入高氯酸 8.5 mL，充分摇匀。在室温条件下，缓慢加入醋酸酐 24 mL，边加边摇，加完后振摇均匀，冷却至室温。再加入适量的冰醋酸稀释至 1000 mL，充分摇匀，放置 24 h。

2. 高氯酸标准溶液(0.1 mol・L^{-1})的标定

精密称取已在 105～110 ℃干燥至恒重的基准物邻苯二甲酸氢钾 0.16 g，置于 50 mL 锥形瓶中，加入冰醋酸 20 mL 使之溶解，加入结晶紫指示剂 1 滴，用高氯酸标准溶液缓慢滴定，至溶液由紫色变为蓝色，即为滴定终点，并做空白实验校正滴定结果。平行操作 3 次。高氯酸标准溶液的浓度计算如下：

$$c_{HClO_4}=\frac{m_{KHC_8H_4O_4}}{M_{KHC_8H_4O_4}\cdot\frac{V_{HClO_4}}{1000}}$$

式中，V_{HClO_4} 为空白实验校正后的体积；$M_{KHC_8H_4O_4}$ 为 204.2 g/mol。

【注意事项】

(1) 配制高氯酸标准溶液时，应先用冰醋酸将高氯酸稀释，再在不断搅拌下，缓慢加入醋酸酐，以避免引起爆炸。

(2) 冰醋酸的体积膨胀系数较大，即体积会随温度改变，所以用高氯酸的冰醋酸溶液滴定样品时，若测定时和标定时的温度有显著差别，应重新标定或按下式进行校正。

$$c_1=\frac{c_0}{1+0.0011(t_1-t_0)}$$

(3) 高氯酸、冰醋酸会腐蚀皮肤，刺激黏膜，应注意防护。

(4) 微量滴定管应预先洗净，倒置沥干，其他容量仪器应预先洗净烘干。

(5) 冰醋酸有挥发性，因而配制好的标准溶液应置于棕色试剂瓶中保存。滴定管中装入标准溶液后，应盖上干燥小烧杯。

【思考题】

思考题答案

(1) 为什么邻苯二甲酸氢钾既可以标定 NaOH，又可以标定高氯酸？

(2) 冰醋酸对于 $HClO_4$、H_2SO_4、HCl 及 HNO_3 是什么溶剂？而水对于这四种酸是什么溶剂？

(岑　瑶)

实验十一　水杨酸钠的含量测定

【实验目的】

(1) 掌握非水酸碱滴定法测定有机酸的碱金属盐的原理及方法。

（2）熟悉水杨酸钠的理化性质。

（3）了解微量滴定管的使用方法。

知识拓展 8-11

【实验原理】

水杨酸钠是有机酸的碱金属盐，在水溶液中是一种很弱的碱，其 $cK_{b2}<10^{-8}$，故不能直接在水中用酸标准溶液准确滴定。

选用醋酸酐-冰醋酸（1∶4）混合溶剂，增强水杨酸钠的碱性，选用结晶紫作为指示剂，用高氯酸标准溶液滴定，其滴定反应为

$$C_7H_5O_3Na+HClO_4 = C_7H_5O_3H+NaClO_4$$

知识链接 8-11

【仪器和试剂】

1. 仪器

微量滴定管（10 mL），锥形瓶（50 mL），电子天平（0.1 mg）。

2. 试剂

水杨酸钠，高氯酸标准溶液（$0.1\ mol\cdot L^{-1}$），冰醋酸，醋酸酐，结晶紫指示剂（0.5%冰醋酸溶液）。

【实验内容】

精密称取已在105～110 ℃干燥至恒重的水杨酸钠样品0.13 g，置于50 mL锥形瓶中，加入醋酸酐-冰醋酸（1∶4）10 mL使之溶解，加入结晶紫指示剂1滴，用高氯酸标准溶液（$0.1\ mol\cdot L^{-1}$）缓慢滴定，至溶液由紫红色变为蓝绿色，即为滴定终点，并做空白实验校正滴定结果。平行操作3次，水杨酸钠的含量计算如下式：

$$\omega_{C_7H_5O_3Na}(\%)=\frac{c_{HClO_4}\times V_{HClO_4}\times 10^{-3}\times M_{C_7H_5O_3Na}}{m_{试样}}\times 100\%$$

式中，V_{HClO_4} 为空白实验校正后的体积；$M_{C_7H_5O_3Na}$ 为160.1 g/mol。

【注意事项】

（1）实验过程中使用的仪器应预先洗净干燥。

（2）注意测定时和标定时的温度是否有显著差别，若相差2 ℃以上，则需进行校正，若相差10 ℃以上，则应重新标定。

（3）注意节约使用溶剂。

【思考题】

思考题答案

（1）使用结晶紫作为指示剂时，为什么标定高氯酸标准溶液时，终点颜色为蓝色，而测定水杨酸钠时，终点颜色为蓝绿色？

（2）在本实验条件下能否测定枸橼酸钠？为什么？

（岑　瑶）

NOTE

第九章　配位滴定法

扫码看课件

PPT

实验一　EDTA 标准溶液的配制与标定

【实验目的】

(1) 掌握 EDTA 标准溶液的配制与标定方法。

(2) 熟悉铬黑 T 指示剂的使用条件和终点判断。

(3) 了解配位滴定中指示剂的选择。

【实验原理】

配位滴定法中最常用的配位剂是乙二胺四乙酸(EDTA)。EDTA 能与元素周期表中绝大多数金属离子形成 1∶1 的稳定螯合物。EDTA 是难溶于水的酸性物质，通常用它的二钠盐 $Na_2H_2Y \cdot 2H_2O$(习惯上也称 EDTA，$EDTA \cdot 2Na \cdot 2H_2O$，$M$=392.28 g/mol)配制标准溶液。通常采用间接法配制 EDTA 标准溶液。标定 EDTA 溶液的基准物有 Zn、ZnO、$CaCO_3$、Bi、Cu、$MgSO_4 \cdot 7H_2O$、Ni、Pb 等。本实验采用 ZnO 作为基准物标定 EDTA，以铬黑 T(EBT)作为指示剂，用 pH≈10 的缓冲溶液控制滴定时的酸度。因为在 pH≈10 的溶液中，铬黑 T 与 Zn^{2+} 形成比较稳定的紫红色螯合物(Zn-EBT)，而 EDTA 与 Zn^{2+} 能形成更为稳定的无色螯合物。因此，滴定至终点时，EBT 便被 EDTA 从 Zn-EBT 中置换出来，游离的 EBT 在 pH 为 8～11 的溶液中呈纯蓝色。

其变色原理：　　滴定前　Zn+In(蓝色)══ZnIn(紫红色)

　　　　　　　　滴定中　Zn+Y══ZnY

　　　　　　　　终点时　ZnIn(红色)+Y══ZnY+In(纯蓝色)

知识拓展

9-1

【仪器和试剂】

1. 仪器

铁架台，蝴蝶夹，酸式滴定管(50 mL 或 25 mL)，移液管(50 mL)，锥形瓶(250 mL)，玻璃瓶，量筒(50 mL、10 mL)，电子天平(0.1 mg)。

2. 试剂

乙二胺四乙酸二钠(固体)，氧化锌，0.1%甲基红指示剂(60%乙醇溶液)，氨试液(40 mL 浓氨水加水至 100 mL)，$NH_3 \cdot H_2O$-NH_4Cl 缓冲溶液(pH 约为 10，取 54 g NH_4Cl 溶于水中，加氨水 350 mL，用水稀释至 1000 mL)，铬黑 T 指示剂，6 $mol \cdot L^{-1}$ HCl 溶液。

知识链接

9-1

【实验内容】

1. EDTA 标准溶液(0.05 $mol \cdot L^{-1}$)的配制

称取 9.5 g 乙二胺四乙酸二钠于 250 mL 烧杯中，加水约 100 mL，微热使其完全溶解。溶

解后转入 500 mL 容量瓶中，加水稀释至 500 mL，摇匀。贴上标签，备用。

2. EDTA 标准溶液(0.05 mol·L^{-1})的标定

准确称取基准物氧化锌 0.11 g 于 250 mL 锥形瓶中，再加入 6 mol·L^{-1} HCl 溶液 5 mL，搅拌使其溶解，加甲基红指示剂 1 滴，用氨试液调节溶液至恰好呈微黄色，加蒸馏水 25 mL，加 $NH_3 \cdot H_2O$-NH_4Cl 缓冲溶液(pH 约为 10)10 mL 及铬黑 T 指示剂少量，摇匀。后用 EDTA 标准溶液(0.05 mol·L^{-1})滴定至溶液由酒红色变为纯蓝色，即为终点。平行测定 3 次，按下式计算 EDTA 溶液的物质的量浓度。

$$c_{EDTA}=\frac{m_{ZnO}\times 1000}{V_{EDTA}\times M_{ZnO}}(M_{ZnO}=81.36\ g/mol)$$

【注意事项】

(1) EDTA 在水中溶解较慢，可以加热或者放置过夜。

(2) EDTA 溶液选用玻璃瓶放置。

(3) 配位滴定反应速度较慢，滴定时速度不宜太快。

【思考题】

思考题答案

(1) 通常使用乙二胺四乙酸二钠配制 EDTA 标准溶液，为什么不用乙二胺四乙酸进行配制？

(2) 用 HCl 溶液溶解氧化锌基准物时，操作中应注意些什么？

(王浩江)

实验二　水样总硬度的测定

【实验目的】

(1) 掌握配位滴定法测定水的总硬度的原理和方法。

(2) 熟悉配位滴定法和铬黑 T 指示剂的特点及应用条件。

(3) 了解水的总硬度的测定意义和常用的硬度表示方法。

【实验原理】

水的总硬度是指水中钙、镁离子的总浓度。测定水的总硬度就是测定水中的钙、镁总量。水中钙、镁的酸式碳酸盐加热时能分解，析出沉淀而被除去，这种盐所形成的硬度称为暂时硬度。水中钙、镁的其他盐类如硫酸盐、氯化物等，经加热不能分解，这种盐形成的硬度称为永久硬度。暂时硬度和永久硬度的总和称为总硬度。

硬度对工业用水影响较大，尤其是锅炉用水，硬度较高的水都要经过软化处理，并经过滴定分析达到一定标准后才能输入锅炉。生活饮用水中硬度过高会影响肠胃的消化功能，我国生活饮用水卫生标准中规定硬度(以 $CaCO_3$ 计)不得超过 450 mg/L。

硬度的表示方法有多种，目前中国使用较多的表示方法有以下两种。

(1) 一种是将所测得的钙、镁折算成 CaO 的质量，即每升水中含有 CaO 的毫克数表示，单位为 mg/L。

(2) 一种以度(°)计,1 硬度单位表示 10 万份水中含 1 份 CaO(即每升水中含 10 mg CaO),1°=10 mg/L CaO。

知识拓展 9-2

水的总硬度常用水中的 Ca^{2+}、Mg^{2+} 的含量表示。若水中有 Fe^{3+}、Al^{3+} 存在,则会对其测定有干扰,可用三乙醇胺作为掩蔽剂。若存在其他干扰离子,如 Cu^{2+} 等,可在水样中加入 Na_2S 以消除干扰。水的总硬度测定一般采用配位滴定法,在 pH≈10 的缓冲溶液中,以铬黑T(EBT)为指示剂,用 EDTA 标准溶液直接测定 Ca^{2+}、Mg^{2+} 的总量。由于 $K_{CaY}>K_{MgY}>K_{Mg\text{-}EBT}>K_{Ca\text{-}EBT}$,铬黑 T 先与部分 Mg 络合为 Mg-EBT(酒红色)。当 EDTA 滴入时,EDTA 与 Ca^{2+}、Mg^{2+} 络合,终点时 EDTA 夺取 Mg-EBT 中的 Mg,将 EBT 置换出来,溶液由酒红色转为纯蓝色。

滴定时,Fe^{3+}、Al^{3+} 等干扰离子可用三乙醇胺予以掩蔽;Cu^{2+}、Pb^{2+}、Zn^{2+} 等重金属离子,可用 KCN、Na_2S 或巯基乙酸予以掩蔽。

【仪器和试剂】

1. 仪器

酸式滴定管(50 mL 或 25 mL),量筒(1 mL、5 mL、10 mL),酒精灯及石棉网,移液管(50 mL),锥形瓶(250 mL)。

2. 试剂

6 mol·L^{-1} HCl 溶液,EDTA 标准溶液(0.01 mol·L^{-1}),1.5 mol·L^{-1} 三乙醇胺溶液,NH_3-NH_4Cl 缓冲溶液(pH 约为 10),刚果红试纸,0.25 mol·L^{-1} Na_2S 溶液,铬黑 T 指示剂。

【实验内容】

用移液管精密吸取水样 100.00 mL,置于 250 mL 锥形瓶中,逐滴加入 6 mol·L^{-1} HCl 溶液至水样酸度恰使刚果红试纸变为蓝紫色,将水样微热至沸,驱除 CO_2。待水样冷却后,加入 pH 约为 10 的 NH_3-NH_4Cl 缓冲溶液 10 mL、三乙醇胺溶液 5 mL 及 Na_2S 溶液 1 mL,再加铬黑 T 指示剂少量,用 EDTA 标准溶液滴定至溶液由紫红色变为纯蓝色,即为终点。记录所用 EDTA 溶液的体积。平行测定 3 次。按下式计算水的总硬度:

$$硬度(°)=\frac{c_{EDTA}\times V_{EDTA}\times \frac{M_{CaO}}{1000}}{V(水)}\times 10^5$$

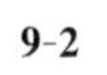

知识链接 9-2

式中,c_{EDTA} 为 EDTA 标准溶液的浓度,单位为 mol·L^{-1};V_{EDTA} 为滴定时用去的 EDTA 标准溶液的体积,单位为 mL;$V_{水样}$ 为水样体积,单位为 mL;M_{CaO} 为 CaO 的摩尔质量,为 56.08 g/mol。

【注意事项】

当水的硬度较大时,在 pH 约为 10 时钙、镁离子会产生沉淀使溶液变混浊,为了防止出现这种情况,实验中加入盐酸酸化,并加热赶出 CO_2。

【思考题】

思考题答案

(1) 水的硬度取决于哪些因素?暂时硬度和永久硬度有何区别?

(2) 用 EDTA 法测定水的硬度时,哪些离子的存在有干扰?如何消除?

(王浩江)

实验三　明矾的含量测定

【实验目的】

(1) 掌握配位滴定中剩余滴定法的应用。

(2) 了解 EDTA 滴定铝盐的特点。

【实验原理】

明矾的含量测定通常是测定其组成中铝的含量，根据公式换算成明矾[$KAl(SO_4)_2 \cdot 12H_2O$]的质量分数。由于配位滴定的反应速率较慢，其中 Al^{3+} 与 EDTA 的配位反应速率不仅缓慢，而且 Al^{3+} 对二甲酚橙指示剂有封闭作用，当酸度不高时配合物易水解，形成一系列多羟基配合物。因此，Al^{3+} 不能用直接滴定法滴定。用剩余滴定法测定时，在试样中先加入稍过量的 EDTA 标准溶液，加热煮沸以加速 Al^{3+} 与 EDTA 的反应。冷却后，调节 pH 5～6，加入二甲酚橙指示剂，用锌标准溶液滴定过量的 EDTA。通过两种标准溶液的浓度和用量计算求得 Al^{3+} 的量。二甲酚橙作为指示剂常配成 0.2%的溶液使用，pH>6.3 时，呈现红色；pH<6.3 时，呈现黄色；$pH=pK_a=6.3$ 时，呈现中间颜色。二甲酚橙与金属离子形成的配合物都是红紫色，因此它只适用于在 pH<6 的酸性溶液中。

知识拓展

9-3

【仪器和试剂】

1. 仪器

锥形瓶(250 mL 或 25 mL)，滴定管(50 mL)，移液管(25 mL、20 mL)，量筒(10 mL、100 mL，电子天平(0.1 mg)。

2. 试剂

HAc-NaAc 缓冲溶液(pH＝6)，EDTA 标准溶液(0.05 $mol \cdot L^{-1}$)，二甲酚橙指示剂(0.2%的溶液)。

【实验内容】

1. 锌标准溶液(0.05 $mol \cdot L^{-1}$)的配制与标定

取硫酸锌 7.5 g，加盐酸溶液 10 mL 与适量蒸馏水溶解，稀释至 500 mL，摇匀，即可。

用移液管移取 25 mL 锌标准溶液于锥形瓶中，加入甲基红指示剂 1 滴，加入氨试液至颜色呈黄色，加 5 mL 缓冲溶液及二甲酚橙指示剂 5 滴，摇匀，然后用 EDTA 标准溶液(0.05 $mol \cdot L^{-1}$)滴定至溶液由紫红色变为纯蓝色，即为终点。

知识链接

9-3

2. 明矾的含量测定

精密称取明矾试样 1.5 g 于烧杯中，加水 20 mL 使其溶解，用玻棒转移到 100 mL 容量瓶中，稀释至刻度，摇匀，备用；精密吸取上述溶液 20.00 mL，加入 20.00 mL EDTA 标准溶液(0.05 $mol \cdot L^{-1}$)，水浴加热 10 min，冷却至室温；加水 20 mL、HAc-NaAc 缓冲溶液 5 mL，以及二甲酚橙指示剂 5 滴，用锌标准溶液(0.05 $mol \cdot L^{-1}$)滴定，直到溶液的颜色由黄色变为橙色，即为终点。平行测定 3 次，用下式计算明矾的含量。

$$w_{KAl(SO_4)_2 \cdot 12H_2O}(\%)=\frac{(c_{EDTA}\times V_{EDTA}-c_{ZnSO_4}\times V_{ZnSO_4})\times M_{KAl(SO_4)_2 \cdot 12H_2O}}{1000\times m\times \frac{25}{100}}\times 100\%$$

式中，$M_{KAl(SO_4)_2 \cdot 12H_2O}$为 474.38 g/mol。

【注意事项】

(1) 由于 Al^{3+} 与 EDTA 反应慢、对二甲酚橙有封闭作用、酸度不高时易水解等原因，本实验采用剩余滴定法。

(2) 二甲酚橙在 pH<6.3 时显黄色，而 pH>6.3 时显红色，Zn^{2+} 与 EDTA 配合物呈紫红色影响终点观察，考虑到存在酸效应，故滴定反应 pH 控制在 4～6，实际采用缓冲溶液控制 pH 为 5～6。

(3) 定量、过量的 EDTA 要用移液管移取。

(4) 终点颜色变化很敏锐，注意不要过量，临近终点时以半滴或四分之一滴加入。

【思考题】

思考题答案

(1) 明矾含量的测定为什么采用返滴定法？

(2) 为什么测定时要加入缓冲溶液？

(3) 此方法是否可以使用铬黑 T 作为指示剂？

（王浩江）

实验四　铅、铋混合液中铅、铋含量的连续测定

【实验目的】

(1) 掌握利用控制溶液的酸度来实现多种金属离子连续测定的方法和原理。

(2) 熟悉 EDTA 配位滴定法的基本原理与操作技术。

(3) 进一步熟悉二甲酚橙指示剂的使用及终点的判断。

【实验原理】

Bi^{3+}、Pb^{2+} 均能与 EDTA 形成稳定的配合物，但其稳定性差别很大（lg$K$ 分别为 27.94 和 18.04），因此可以利用控制溶液的酸度来进行连续滴定。

在测定中，均以二甲酚橙为指示剂。先调节溶液的酸度至 pH≈1，用 EDTA 进行滴定，测定 Bi^{3+}，当溶液由紫红色变为亮黄色时，即为终点，记录 EDTA 的消耗量 V_1；然后用六次甲基四胺为缓冲溶液，控制溶液的 pH 在 5～6，溶液再一次呈现紫红色，进行 Pb^{2+} 的滴定，滴定至溶液颜色突变为亮黄色时，即为终点，记录 EDTA 的消耗量 V_2。

二甲酚橙指示剂属于三苯甲烷显色剂，易溶于水，它有七级酸式离解，其中 H_7In 至 H_3In^{4-} 呈黄色，H_2In^{5-} 至 In^{7-} 呈红色。所以它在溶液中的颜色随酸度而变，溶液 pH<6.3 时，呈黄色；溶液 pH>6.3 时，呈红色。二甲酚橙与 Bi^{3+}、Pb^{2+} 的配合物呈现紫红色，其稳定性较 Bi^{3+}、Pb^{2+} 与 EDTA 所形成的配合物小一些。

知识链接 9-4

【仪器和试剂】

1. 仪器

锥形瓶(250 mL)，酸式滴定管和碱式滴定管（各 50 mL 或 25 mL），移液管(25 mL)，量筒

(10 mL)。

2. 试剂

EDTA 标准溶液(0.020 mol·L^{-1}),0.2%二甲酚橙指示剂,20%六次甲基四胺溶液,0.1 mol·L^{-1} HNO_3 溶液,0.5 mol·L^{-1} NaOH 溶液,1∶1 氨水,Bi^{3+}、Pb^{2+} 混合液,精密 pH 试纸。

【实验内容】

1. Bi^{3+} 的滴定

准确移取 25.00 mL Bi^{3+}、Pb^{2+} 混合液 4 份,分别置于 250 mL 的锥形瓶中。取一份做预实验,把 0.5 mol·L^{-1}的 NaOH 溶液置于碱式滴定管中,向混合液中滴加,并不断用精密 pH 试纸检测其酸度,直到其 pH 为 1,记下消耗 NaOH 溶液的体积。然后加入 0.1 mol·L^{-1} HNO_3 溶液 10 mL 及 0.2%二甲酚橙指示剂 2 滴,用 EDTA 标准溶液(0.020 mol·L^{-1})滴定,溶液颜色由紫红色突变为亮黄色,即为滴定终点,记录 EDTA 溶液的消耗量。

在另一份混合液中,加入 0.5 mol·L^{-1} 的 NaOH 溶液(体积为预实验调节酸度所需 NaOH 溶液的体积)调节酸度,然后加入 0.1 mol·L^{-1} HNO_3 溶液 10 mL 及 0.2%二甲酚橙指示剂 2 滴,用 EDTA 标准溶液(0.020 mol·L^{-1})滴定,溶液颜色由紫红色突变为亮黄色,即为滴定终点(近终点时应慢滴),记录 EDTA 溶液的消耗量。

2. Pb^{2+} 的滴定

知识拓展
9-4

在滴定 Bi^{3+} 后的溶液中加 4～6 滴 0.2%二甲酚橙指示剂,并逐滴滴加 1∶1 氨水至溶液由黄色变为橙色[不能过量,否则生成 $Pb(OH)_2$ 沉淀],然后加入 20%六次甲基四胺溶液至溶液变为紫红色,继续加入 5 mL,然后用 EDTA 标准溶液(0.020 mol·L^{-1})滴定,试液由紫红色突变为亮黄色,即为滴定终点。

【注意事项】

(1) Bi^{3+} 与 EDTA 反应速率较慢,滴定 Bi^{3+} 时速度不宜过快,且要激烈振荡但勿过头。

(2) 测定 Bi^{3+} 时,滴定前及滴定初期,不要用水冲洗锥形瓶口,以防 Bi^{3+} 水解。

(3) 二甲酚橙指示剂在 pH 1.0 和 pH 5.0 时的亮黄色略有区别,pH 1.0 时的颜色不会很明亮。

(4) 以纯锌为基准物,处理方法:先用稀盐酸洗去表面氧化物,然后用水漂洗干净,再用丙酮漂洗除去水分,沥干后在 110 ℃下烘 5 min,备用。

【思考题】

思考题答案

(1) 以纯锌为基准物,以铬黑 T 为指示剂,标定 EDTA 溶液时如何调节溶液的 pH？为什么？

(2) 滴定 Pb^{2+} 时要调节溶液 pH 为 5～6,为什么加入六次甲基四胺溶液而不加入醋酸钠溶液？

(曹洪斌)

第十章　氧化还原滴定法

扫码看课件

PPT

实验一　$Na_2S_2O_3$ 标准溶液的配制与标定

【实验目的】

(1) 掌握 $Na_2S_2O_3$ 标准溶液的配制方法。

(2) 熟悉碘量瓶的使用方法和正确判断淀粉指示剂指示终点的方法。

(3) 了解置换滴定法的操作过程。

【实验原理】

硫代硫酸钠标准溶液通常用 $Na_2S_2O_3 \cdot 5H_2O$ 配制，由于 $Na_2S_2O_3$ 遇酸迅速分解产生硫，配制时若水中含有较多 CO_2，则 pH 偏低，容易使制得的 $Na_2S_2O_3$ 变混浊。若水中有微生物，也能慢慢分解 $Na_2S_2O_3$。因此 $Na_2S_2O_3$ 采用间接法配制，常用新煮沸放冷的蒸馏水，并加入少量 Na_2CO_3(浓度约为 0.02%)。

标定 $Na_2S_2O_3$ 可用 $K_2Cr_2O_7$、$KBrO_3$、KIO_3、$KMnO_4$ 等氧化剂，其中使用 $K_2Cr_2O_7$ 最方便，采用置换滴定法，先使 $K_2Cr_2O_7$ 与过量的 KI 作用，再用待标定的 $Na_2S_2O_3$ 溶液滴定析出的 I_2，第一步反应为

$$Cr_2O_7^{2-} + 14H^+ + 6I^- = 3I_2 + 2Cr^{3+} + 7H_2O$$

酸度较低时，反应完成较慢；酸度太高时，KI 被空气氧化生成 I_2，故酸度应控制在 0.6 mol·L^{-1}附近，避光放置 10 min，反应才能定量完成。第二步反应为

$$I_2 + 2S_2O_3^{2-} = 2I^- + S_4O_6^{2-}$$

第一步反应析出的 I_2 用 $S_2O_3^{2-}$ 溶液滴定，用淀粉溶液作为指示剂，以蓝色消失为终点。由于开始滴定时 I_2 较多，被淀粉吸附过牢，$Na_2S_2O_3$ 不易将 I_2 完全夺出，难以观察终点，因此必须在近终点时加入淀粉指示剂。

$Na_2S_2O_3$ 与 I_2 的反应只能在中性和弱酸性溶液中进行，在碱性溶液中发生副反应：

$$S_2O_3^{2-} + 4I_2 + 10OH^- = 2SO_4^{2-} + 8I^- + 5H_2O$$

知识拓展

10-1

在酸性溶液中 $Na_2S_2O_3$ 又易分解：

$$S_2O_3^{2-} + 2H^+ = S\downarrow + SO_2\uparrow + H_2O$$

因此，在用 $Na_2S_2O_3$ 标准溶液滴定前应将溶液稀释。用水稀释溶液既能降低酸度，又可以使溶液中 Cr^{3+} 颜色不致太深而影响终点的观察。

【仪器和试剂】

1. 仪器

电子天平(0.1 mg)，台秤，称量瓶，烧杯，量筒(10 mL)，试剂瓶(500 mL)，碘量瓶(250 mL)，酸式滴定管(50 mL 或 25 mL)。

2. 试剂

Na_2CO_3(AR),$Na_2S_2O_3 \cdot 5H_2O$(AR),KI(AR),$K_2Cr_2O_7$(基准物),HCl 溶液(1∶2),0.5%淀粉溶液。

知识链接
10-1

【实验内容】

1. $Na_2S_2O_3$ 标准溶液(0.1 mol·L^{-1})的配制

在 500 mL 新煮沸并冷却的蒸馏水中加入 0.1 g Na_2CO_3,溶解后加入 12.5 g $Na_2S_2O_3 \cdot 5H_2O$,充分混合溶解后倒入棕色瓶中,放置 2 周后再进行标定。

2. $Na_2S_2O_3$ 标准溶液(0.1 mol·L^{-1})的标定

取在 120 ℃干燥至恒重的基准物 $K_2Cr_2O_7$ 0.12 g,精密称定,置于碘量瓶中,加蒸馏水 25 mL 使其溶解,加入 KI 2 g,溶解后加蒸馏水 25 mL,HCl 溶液(1∶2)5 mL,摇匀,密塞,用水封口,暗处放置 10 min,用 50 mL 蒸馏水稀释溶液,用 $Na_2S_2O_3$ 溶液滴定至近终点时,加淀粉指示剂 2 mL,继续滴定至蓝色消失而显亮绿色,即为终点,平行测定 3 次。根据终点时消耗 $Na_2S_2O_3$ 标准溶液的体积,按下式计算 $Na_2S_2O_3$ 标准溶液的浓度:

$$c_{Na_2S_2O_3} = \frac{6m_{K_2Cr_2O_7}}{M_{K_2Cr_2O_7} \times \frac{V_{Na_2S_2O_3}}{1000}}$$

式中,$M_{K_2Cr_2O_7}$ 为 294.18 g/mol。

【注意事项】

(1) KI 必须过量,其作用如下:①降低 E_{I_2/I^-},使电位差加大,加速反应并定量完成;②使生成的 I_2 溶解;③防止 I_2 的挥发,但浓度不能超过 4%,因[I^-]太高,淀粉指示剂的颜色转变不明显。

(2) 酸度对滴定有影响,要求在滴定过程中控制在 0.2～0.4 mol·L^{-1}之间,因此滴定前应用水稀释。

思考题答案

【思考题】

(1) 配制 $Na_2S_2O_3$ 溶液时,为什么要加入 Na_2CO_3?为什么用新煮沸放冷的蒸馏水?

(2) 称取 $K_2Cr_2O_7$、KI 及量取 H_2O 及 HCl 溶液各用什么量器?

(冯婷婷)

实验二　铜盐的含量测定

【实验目的】

(1) 掌握置换滴定法的原理与方法。

(2) 熟悉间接碘量法的操作方法。

(3) 了解碘量法测定胆矾中硫酸铜含量的方法。

【实验原理】

间接碘量法包括剩余滴定法和置换滴定法两种。本实验采用置换滴定法测定胆矾中硫酸

铜的含量。其测定依据：Cu^{2+}可以被I^-还原为碘化铜，同时释放出等量的I_2。反应如下：

$$2Cu^{2+}+4I^- \rightleftharpoons 2CuI\downarrow + I_2$$

$$n_{Cu^{2+}} : n_{I_2} = 2 : 1$$

反应产生的I_2，用$Na_2S_2O_3$标准溶液滴定：

$$I_2+2S_2O_3^{2-} \rightleftharpoons 2I^- + S_4O_6^{2-}$$

$$n_{I_2} : n_{S_2O_3^{2-}} = 1 : 2$$

$$故\ n_{Cu^{2+}} : n_{S_2O_3^{2-}} = 1 : 1$$

知识拓展 10-2

以淀粉为指示剂，蓝色消失为终点。

上述反应是可逆的，任何引起Cu^{2+}浓度减小或引起CuI溶解度增加的因素均使反应不完全。加入过量的KI可使反应趋于完全。这里KI既是Cu^{2+}的还原剂，又是生成的Cu^+的沉淀剂，还是生成的I_2的络合剂，可生成I_3^-，增加I_2的溶解度，减少I_2的挥发。CuI沉淀易吸附I_2，使终点变色不敏锐并产生误差，在近终点时加入KSCN使CuI($K_{sp}=1.1\times10^{-12}$)转化为溶解度更小的CuSCN($K_{sp}=4.8\times10^{-15}$)，使结果更准确。

Cu^{2+}被I^-还原的pH一般控制在3～4之间，酸度过低时，Cu^{2+}易水解，使反应不完全，结果偏低，同时反应速率慢，终点拖长；酸度过高时，I^-易被空气中的O_2氧化为I_2，使结果偏高。

【仪器和试剂】

1. 仪器

电子天平(0.1 mg)，台秤，称量瓶，量筒(10 mL、100 mL)，碘量瓶(250 mL)，酸式滴定管(50 mL)。

2. 试剂

胆矾试样，KI(AR)，硫氰化钾(AR)，醋酸(AR，36%～37%，质量分数)，$Na_2S_2O_3$标准溶液(0.1 mol·L^{-1})，0.5%淀粉指示剂，10%硫氰化钾。

【实验内容】

知识链接 10-2

取胆矾$CuSO_4\cdot5H_2O$试样0.5 g，精密称定，置于250 mL碘量瓶中，加蒸馏水50 mL，溶解后加醋酸4 mL、碘化钾2 g，立即密塞，摇匀。用$Na_2S_2O_3$标准溶液(0.1 mol·L^{-1})滴定，至近终点时(溶液呈淡黄色)加淀粉指示剂2 mL，继续滴定至淡蓝色时，加10%硫氰化钾溶液5 mL，充分振摇，此时溶液蓝色变深，再用$Na_2S_2O_3$标准溶液(0.1 mol·L^{-1})继续滴定至蓝色消失。平行测定3次，根据终点时消耗$Na_2S_2O_3$标准溶液的体积，按下式计算硫酸铜的含量：

$$\omega_{CuSO_4\cdot5H_2O}(\%)=\frac{c_{Na_2S_2O_3}V_{Na_2S_2O_3}M_{CuSO_4\cdot5H_2O}}{S\times1000}\times100\%$$

式中，$M_{CuSO_4\cdot5H_2O}$为249.71 g/mol；S为样品质量。

【注意事项】

(1) 淀粉指示剂最好在近终点时加入。加入太早，大量碘与淀粉结合，不再与$Na_2S_2O_3$反应，使滴定产生误差。

(2) KSCN也只能在近终点时加入，以免过多的I_2被KSCN还原，使结果偏低。

【思考题】

思考题答案

(1) 碘量法误差来源主要是I^-的氧化和I_2的挥发，结合本实验说明应如何避免。

(2) 加入KSCN的作用是什么？淀粉加入过早对结果有什么影响？

(冯婷婷)

实验三　碘标准溶液的配制与标定

【实验目的】

(1) 掌握碘标准溶液的配制与标定方法。

(2) 熟悉直接碘量法的原理。

(3) 了解直接碘量法的操作过程。

【实验原理】

碘标准溶液虽然可以用纯碘直接配制，但因其升华及对天平有腐蚀性，故不宜用直接法配制而采用间接法。

碘在水中的溶解度很小(0.02 g/100 mL)，而且易挥发，因此在配制过程中加入适量的KI，使 I_2 与 I^- 生成 I_3^-，既增大 I_2 的溶解度，又减少其挥发。I_2 易溶于浓 KI 溶液，而在稀 KI 中溶解慢，所以配制碘液时，应使 I_2 在浓的 KI 溶液中溶解后再稀释。由于光照和受热都能促使空气中的 O_2 氧化 I^-，引起 I_2 浓度的增加，因此，配制好的 I_2 标准溶液应储存于棕色磨口瓶中，置于阴暗处保存。另外，I_2 能缓慢腐蚀橡胶和其他有机物，所以碘应避免与这类物质接触。

碘液可以用基准物 As_2O_3 标定，也可用已标定的 $Na_2S_2O_3$ 标准溶液标定。

用基准物 As_2O_3 来标定 I_2 溶液。As_2O_3 难溶于水，可溶于碱溶液中，与 NaOH 反应生成亚砷酸钠，用 I_2 溶液进行滴定。反应式如下：

$$As_2O_3 + 6NaOH \rightleftharpoons 2Na_3AsO_3 + 3H_2O$$

$$AsO_3^{3-} + I_2 + H_2O \rightleftharpoons AsO_4^{3-} + 2I^- + 2H^+$$

该反应为可逆反应，在中性或微碱性溶液(pH 约为 8)中，反应能定量地向右进行，可加固体 $NaHCO_3$ 以中和反应生成的 H^+，保持 pH 在 8 左右。所以实际滴定反应也可写为

$$I_2 + AsO_3^{3-} + 2HCO_3^- = 2I^- + AsO_4^{3-} + 2CO_2\uparrow + H_2O$$

知识拓展 10-3

由于 As_2O_3 为剧毒物，实际工作中常用已标定的 $Na_2S_2O_3$ 溶液标定碘溶液。

$$I_2 + 2S_2O_3^{2-} = 2I^- + S_4O_6^{2-}$$

【仪器和试剂】

1. 仪器

电子天平(0.1 mg)，台秤，称量瓶，量筒(10 mL)，试剂瓶(500 mL)，移液管(20 mL)，碘量瓶(250 mL)，酸式滴定管(50 mL 或 25 mL)，垂熔玻璃漏斗。

2. 试剂

I_2(AR)，KI(AR)，浓盐酸(AR)，As_2O_3(基准物)，$NaHCO_3$(AR)，$Na_2S_2O_3$ 标准溶液(0.1 mol·L^{-1})，淀粉指示剂，NaOH 溶液(1 mol·L^{-1})，H_2SO_4 溶液(1 mol·L^{-1})，酚酞指示剂(0.2%乙醇溶液)。

【实验内容】

1. I_2 标准溶液(0.05 mol·L^{-1})的配制

称取 I_2 7 g，加 18 g KI 及 25 mL 水充分搅拌溶解后，加浓盐酸 3 滴。用蒸馏水稀释至 500 mL，摇匀，用垂熔玻璃漏斗过滤后储存于棕色试剂瓶中。

2. I_2 标准溶液(0.05 mol·L^{-1})的标定

(1) 用 $Na_2S_2O_3$ 标准溶液(0.1 mol·L^{-1})标定：用移液管准确吸取已标定好的 $Na_2S_2O_3$ 标准溶液 20.00 mL 于锥形瓶中，加 0.5%淀粉溶液 2～3 mL，用待标定的 I_2 标准溶液滴定至溶液恰显蓝色，即为终点，平行测定 3 次。根据终点时消耗 $Na_2S_2O_3$ 标准溶液的体积及 $Na_2S_2O_3$ 标准溶液的浓度计算 I_2 标准溶液的浓度。

$$c_{I_2}=\frac{c_{Na_2S_2O_3}V_{Na_2S_2O_3}}{2V_{I_2}}$$

知识链接 10-3

(2) 用 As_2O_3 基准物标定：取在 105 ℃干燥至恒重的基准物 As_2O_3 约 0.1 g，精密称定，加 1 mol·L^{-1}的 NaOH 溶液 10 mL 使其溶解，加水 20 mL 与酚酞指示剂 1 滴，滴加 1 mol·L^{-1} H_2SO_4 溶液使酚酞指示剂粉红色刚褪去，然后加 $NaHCO_3$ 2 g、蒸馏水 50 mL、淀粉指示剂 2 mL，用 I_2 标准溶液滴定至溶液呈浅蓝色，即为终点，平行测定 3 次。根据终点时消耗 I_2 标准溶液的体积，按下式计算 I_2 标准溶液的浓度：

$$c_{I_2}=\frac{2\times m_{As_2O_3}}{M_{As_2O_3}\times\frac{V_{I_2}}{1000}}$$

式中，$M_{As_2O_3}$ 为 197.8 g/mol。

【注意事项】

(1) 配制碘标准溶液时，一定要待 I_2 完全溶解后再转移。做完实验后，剩余的 I_2 标准溶液应倒入回收瓶中。

(2) 碘易受有机物的影响，应避免碘液与橡胶接触。

(3) 碘易挥发，浓度变化较快，保存时应特别注意要密封，并用棕色瓶放置于阴暗处保存。

【思考题】

(1) 配制 I_2 标准溶液时为什么要加 KI 和少量水并充分搅拌？

(2) I_2 标准溶液应盛装在什么滴定管中？

思考题答案

(冯婷婷)

实验四 维生素 C 原料药的含量测定

【实验目的】

(1) 掌握碘量法的基本操作。

(2) 熟悉维生素 C 含量的测定方法。

(3) 进一步了解用 I_2 标准溶液进行滴定的过程。

【实验原理】

用 I_2 标准溶液可以直接测定一些还原性物质。在稀酸性溶液中维生素 C(又名抗坏血酸)与 I_2 反应如下：

NOTE

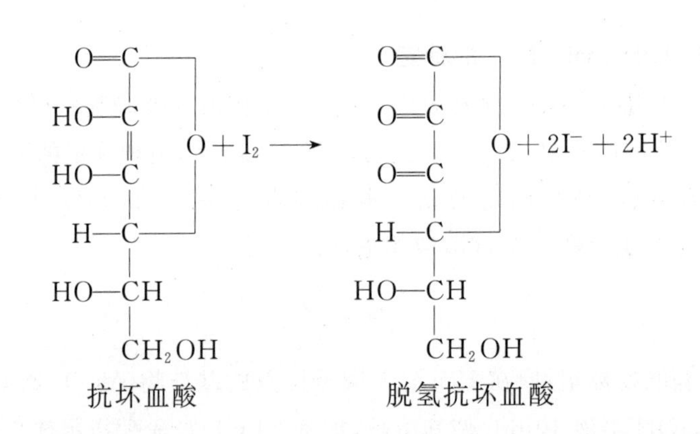

抗坏血酸　　　　脱氢抗坏血酸

知识拓展
10-4

在弱酸性条件下，维生素C分子中的二烯醇被 I_2 氧化为二酮基，反应进行得很完全。维生素C的还原性很强，易被空气氧化，特别是在碱性溶液中更易被氧化，所以加稀醋酸，使其保存在稀酸性溶液中，以减少副反应。

【仪器和试剂】

1. 仪器

电子天平(0.1 mg)，台秤，称量瓶，量筒(10 mL)，锥形瓶(250 mL)，酸式滴定管(50 mL)。

2. 试剂

HAc(AR)，维生素C原料药，I_2 标准溶液(0.05 $mol \cdot L^{-1}$)，稀醋酸，0.5%淀粉指示剂。

知识链接
10-4

【实验内容】

取维生素C原料药0.2 g，精密称定，置于250 mL锥形瓶中，加新煮沸放冷的蒸馏水100 mL与稀醋酸10 mL混合，使之溶解。加淀粉指示剂1 mL，立即用 I_2 标准溶液(0.05 $mol \cdot L^{-1}$)滴定至显持续蓝色，即为终点。平行测定3次，根据终点所消耗 I_2 标准溶液的体积，按下式计算维生素C的含量：

$$\omega_{C_6H_8O_6}(\%)=\frac{c_{I_2}V_{I_2}M_{C_6H_8O_6}}{S\times 1000}\times 100\%$$

式中，$M_{C_6H_8O_6}$ 为176.12 g/mol。

【注意事项】

(1) 在酸性介质中，维生素C受空气的氧化速度稍慢，较为稳定，但样品溶解后仍需立即进行滴定。

(2) 维生素C在有水的情况下易分解成糠醛。

【思考题】

思考题答案

(1) 为什么维生素C的含量可以用直接碘量法测定？

(2) 溶解试样时为什么用新煮沸放冷的蒸馏水？

(3) 维生素C本身就是一种酸，为什么滴定时还要加酸？

(冯婷婷)

NOTE

实验五　$KMnO_4$ 标准溶液的配制与标定

【实验目的】

(1) 掌握 $KMnO_4$ 标准溶液的配制方法与保存方法。

(2) 熟悉用 $Na_2C_2O_4$ 标定 $KMnO_4$ 溶液的原理、方法及滴定条件。

(3) 了解 $Na_2C_2O_4$ 标定 $KMnO_4$ 溶液的滴定过程。

【实验原理】

市售 $KMnO_4$ 试剂常含少量 MnO_2 及其他杂质，蒸馏水中也常含少量有机物，这些物质都能促进 $KMnO_4$ 被还原，$KMnO_4$ 标准溶液采用间接法配制。

配制所需浓度的 $KMnO_4$ 溶液，在暗处放置 7～10 天，使溶液中还原性杂质与 $KMnO_4$ 充分作用，将还原产物 MnO_2 过滤除去，然后储存于棕色瓶中，密封保存。

标定 $KMnO_4$ 标准溶液常采用 $Na_2C_2O_4$ 作为基准物，$Na_2C_2O_4$ 易提纯，性质稳定。其滴定反应为

知识拓展

10-5

$$2MnO_4^- + 5C_2O_4^{2-} + 16H^+ \xlongequal{} 2Mn^{2+} + 10CO_2\uparrow + 8H_2O$$

该反应进行缓慢，开始滴定时加入的 $KMnO_4$ 不能立即褪色，但一经反应生成 Mn^{2+} 后，Mn^{2+} 对反应有催化作用，促使反应速率加快，通常在滴定前加热溶液，并控制在 70～85 ℃时进行滴定。利用 $KMnO_4$ 本身的颜色指示滴定终点。

【仪器和试剂】

知识链接

10-5

1. 仪器

电子天平(0.1 mg)，台秤，低温电炉，称量瓶，量筒(10 mL)，试剂瓶(500 mL)，酸式滴定管(50 mL 或 25 mL)，垂熔玻璃漏斗，锥形瓶(250 mL)。

2. 试剂

$KMnO_4$(AR)，$Na_2C_2O_4$(基准物)，浓硫酸(AR)，2 mol·L^{-1} H_2SO_4 溶液。

【实验内容】

1. $KMnO_4$ 标准溶液(0.02 mol/L)的配制

称取 $KMnO_4$ 1.8 g 溶于 500 mL 新煮沸并冷却的蒸馏水中，混匀，置于棕色具玻璃塞试剂瓶中，于暗处放置 7～10 天后，用垂熔玻璃漏斗过滤，存放于洁净的棕色玻璃瓶中。

2. $KMnO_4$ 标准溶液(0.02 mol/L)的标定

取于 105～110 ℃干燥至恒重的 $Na_2C_2O_4$ 基准物约 0.14 g，精密称定，置于 250 mL 锥形瓶中，加新煮沸并冷却的蒸馏水约 20 mL，使之溶解，再加 15 mL 2 mol·L^{-1} H_2SO_4 溶液并加热至 75～85 ℃，立即用 $KMnO_4$ 标准溶液滴定至呈粉红色，经 30 s 不褪色为终点。平行测定 3 次，根据终点时消耗 $KMnO_4$ 标准溶液的体积，按下式计算 $KMnO_4$ 标准溶液的浓度：

$$c_{KMnO_4} = \frac{m_{Na_2C_2O_4}}{M_{Na_2C_2O_4} \times \frac{V_{KMnO_4}}{1000}} \times \frac{2}{5}$$

式中，$M_{Na_2C_2O_4}$ 为 134.0 g/mol。

NOTE

【注意事项】

(1) 滴定结束时,溶液温度不应低于 55 ℃,否则反应速率较慢会影响终点观察的准确性。

(2) 操作中加热可使反应速率加快,但不可加热至沸腾,否则会引起 $Na_2C_2O_4$ 溶液分解。

思考题答案

【思考题】

(1) 为什么用 H_2SO_4 溶液调节酸度?用 HCl 或 HNO_3 溶液可以吗?

(2) 用 $KMnO_4$ 配制标准溶液时,应注意哪些问题?为什么?

(冯婷婷)

实验六　过氧化氢的含量测定

【实验目的】

(1) 掌握液体试样的取样方法。

(2) 熟悉用 $KMnO_4$ 法测定 H_2O_2 含量的方法。

(3) 了解 $KMnO_4$ 法的操作。

【实验原理】

过氧化氢在工业、生物、医药等方面均有广泛的应用,常需测定其含量。市售 H_2O_2 含量约为 30%,测定时需要稀释。

在酸性溶液中,H_2O_2 遇氧化性比它更强的氧化剂 $KMnO_4$ 会被氧化成 O_2,测定应在 1～2 $mol \cdot L^{-1}$ 硫酸溶液中进行。

$$2MnO_4^- + 5H_2O_2 + 6H^+ = 2Mn^{2+} + 5O_2\uparrow + 8H_2O$$

知识拓展 10-6

市售 H_2O_2 中常有起稳定作用的少量乙酰苯胺或尿素,它们也具还原性,妨碍测定,在这种情况下,以采用碘量法测定为宜。

知识链接 10-6

【仪器和试剂】

1. 仪器

量筒(10 mL),移液管(1 mL、25 mL),锥形瓶(250 mL),酸式滴定管(50 mL 或 25 mL)。

2. 试剂

浓硫酸(AR),3% H_2O_2 溶液,1 $mol \cdot L^{-1}$ H_2SO_4 溶液,$KMnO_4$ 标准溶液(0.02 mol/L)。

【实验内容】

精密量取 3% H_2O_2 溶液 1.0 mL,置于装有 20 mL 蒸馏水的锥形瓶中,加 1 $mol \cdot L^{-1}$ H_2SO_4 溶液 20 mL,用 $KMnO_4$ 标准溶液(0.02 mol/L)滴定至微红色,即为终点,平行测定 3 次。根据终点时消耗 $KMnO_4$ 标准溶液的体积,按下式计算过氧化氢的含量($g \cdot L^{-1}$):

$$\rho_{H_2O_2} = \frac{c_{KMnO_4} \cdot V_{KMnO_4} \cdot M_{H_2O_2}}{V_S} \times \frac{5}{2}$$

式中,$M_{H_2O_2}$ 为 34.02 g/mol。

【注意事项】

滴定开始时反应速率慢，故在滴定时可先缓慢加入 $KMnO_4$ 标准溶液，待褪色后再加快滴定速度，但注意仍不能过快。

【思考题】

本实验测定 H_2O_2 时为什么将市售 H_2O_2(30%)稀释后再进行测定？

思考题答案

(冯婷婷)

实验七　硫酸亚铁的含量测定

【实验目的】

(1) 掌握高锰酸钾法测定硫酸亚铁含量的方法。

(2) 熟悉氧化还原滴定法的操作。

(3) 了解自身氧化还原指示剂指示终点的方法。

【实验原理】

用 $KMnO_4$ 标准溶液可以直接测定一些还原性物质。在稀酸性溶液中 $FeSO_4$ 与 $KMnO_4$ 的反应如下：

$$5Fe^{2+} + MnO_4^- + 8H^+ \longrightarrow 5Fe^{3+} + Mn^{2+} + 4H_2O$$

溶液酸度对测定结果影响较大，酸度过低将析出二氧化锰，通常应用 1～2 $mol \cdot L^{-1}$ 硫酸溶液。本实验中为防止样品氧化，应用新煮沸放冷的蒸馏水溶解样品，溶解后立即滴定。

$KMnO_4$ 法只适用于测定亚铁盐的原料，不适用于制剂。因为 $KMnO_4$ 对糖浆、淀粉等辅料也有氧化作用，使测定结果偏高，故制剂应该用铈量法测定。

知识拓展 10-7

【仪器和试剂】

1. 仪器

电子天平(0.1 mg)，称量瓶，量筒(10 mL)，锥形瓶(250 mL)，酸式滴定管(50 mL)。

2. 试剂

$FeSO_4 \cdot 7H_2O$，$KMnO_4$ 标准溶液(0.02 $mol \cdot L^{-1}$)，H_2SO_4-H_3PO_4 混酸。

【实验内容】

取 $FeSO_4 \cdot 7H_2O$ 试样约 0.5 g，精密称定，置于 250 mL 锥形瓶中，加入蒸馏水 50 mL，溶解后加 H_2SO_4-H_3PO_4 混酸 5 mL，摇匀。用 $KMnO_4$ 标准溶液(0.02 mol/L)滴定至溶液显持续的粉红色，即为终点。平行测定 3 次，根据终点消耗 $KMnO_4$ 标准溶液的体积，按下式计算 $FeSO_4 \cdot 7H_2O$ 的含量：

知识链接 10-7

$$\omega_{FeSO_4 \cdot 7H_2O}(\%) = \frac{5c_{KMnO_4} V_{KMnO_4} M_{FeSO_4 \cdot 7H_2O}}{S \times 1000} \times 100\%$$

式中，$M_{FeSO_4 \cdot 7H_2O}$为 278.0 g/mol。

【注意事项】

(1) 该滴定体系要在酸性条件下进行。

(2) 滴定至终点时,溶液显粉红色,30 s 内不褪色即可。

思考题答案

【思考题】

(1) 为什么 $FeSO_4 \cdot 7H_2O$ 含量的测定要在 H_2SO_4-H_3PO_4 混酸中进行?

(2) 滴定至终点时,溶液变为粉红色,为什么放置一段时间后,粉红色会消失?

(冯婷婷)

NOTE

第十一章　沉淀滴定和重量分析法

扫码看课件

PPT

实验一　银量法标准溶液的配制与标定

【实验目的】

(1) 掌握 $AgNO_3$ 标准溶液和 NH_4SCN 标准溶液的配制和标定方法。

(2) 掌握佛尔哈德法，正确判断滴定终点。

(3) 了解荧光黄指示剂判断滴定终点的方法。

【实验原理】

知识拓展

11-1

1. 用 NaCl 基准物标定 $AgNO_3$ 溶液

采用吸附指示剂法，以荧光黄（HFIn）作为指示剂，用 $AgNO_3$ 溶液滴定 NaCl 溶液，终点时混浊液由黄绿色转变为微红色。滴定过程中加入糊精增大表面积，保护胶体，防止沉淀聚沉，反应条件：pH 为 7～10。

终点前　Cl^- 过剩　　　$(AgCl)Cl^- \vdots M^+$

终点时　Ag^+ 过剩　$Ag^+ + FIn^- \xlongequal{} (AgCl)Ag^+ \vdots FIn^-$

　　　　　　　　　黄绿色　　　　　　　微红色

2. 用比较法标定 NH_4SCN 溶液

选用比较法标定 NH_4SCN 标准溶液的浓度，采用铁铵矾作为指示剂，用 NH_4SCN 标准溶液滴定已知浓度的 $AgNO_3$ 标准溶液时，形成白色 AgSCN 沉淀，终点时，过量的 SCN^- 与溶液中的 Fe^{3+} 形成血红色配合物，指示终点到达，反应式如下：

终点前　$Ag^+ + SCN^- \xlongequal{} AgSCN\downarrow$（白色）

终点时　$Fe^{3+} + SCN^- \xlongequal{} [Fe(SCN)]^{2+}$（血红色）

【仪器和试剂】

1. 仪器

电子天平（0.1 mg），称量瓶，量筒（10 mL、100 mL），锥形瓶（250 mL），棕色磨口试剂瓶（500 mL），酸式滴定管（50 mL 或 25 mL）。

2. 试剂

硝酸银（AR 或 CP），NaCl（基准物），硫氰酸铵（AR 或 CP），铁铵矾指示剂[40%的 $NH_4Fe(SO_4)_2 \cdot 12H_2O$ 溶液]，2%糊精溶液，0.1%荧光黄乙醇溶液。

知识链接

11-1

【实验内容】

1. $AgNO_3$ 标准溶液（$0.1\ mol \cdot L^{-1}$）的配制

称取 4 g $AgNO_3$ 置于 250 mL 烧杯中，加入 100 mL 蒸馏水溶解，然后移入棕色磨口瓶

中，加蒸馏水稀释至 250 mL，摇匀，塞紧，避光。

2. NH_4SCN 标准溶液（0.1 mol · L^{-1}）的配制

取 NH_4SCN 2 g 置于 250 mL 烧杯中，加 100 mL 蒸馏水使其溶解，然后移入磨口瓶中，加蒸馏水稀释至 250 mL，摇匀。

3. $AgNO_3$ 标准溶液（0.1 mol · L^{-1}）的标定

取在 270 ℃干燥至恒重的基准物 NaCl 0.13 g，精密称定，置于 250 mL 锥形瓶中，加 50 mL 蒸馏水使其溶解，再加糊精溶液 5 mL，荧光黄指示剂 8 滴，用 $AgNO_3$ 标准溶液（0.1 mol · L^{-1}）滴定至混浊液由黄绿色转变为微红色，即为终点，平行测定 3 次。按下式计算浓度：

$$c_{AgNO_3} = \frac{m_{NaCl}}{M_{NaCl} \cdot \dfrac{V_{AgNO_3}}{1000}}$$

式中，M_{NaCl}为 58.44 g/mol。

4. NH_4SCN 标准溶液（0.1 mol · L^{-1}）的标定

精密量取 $AgNO_3$ 标准溶液（0.1 mol · L^{-1}）25.00 mL，置于 250 mL 锥形瓶中，加蒸馏水 20 mL，HNO_3 溶液（6 mol · L^{-1}）5 mL，铁铵矾指示剂 2 mL，用 NH_4SCN 标准溶液（0.1 mol · L^{-1}）滴定至溶液呈血红色，强烈振摇后仍不褪色，即为终点，平行测定 3 次。按下式计算浓度：

$$c_{NH_4SCN} = \frac{c_{AgNO_3} \cdot V_{AgNO_3}}{V_{NH_4SCN}}$$

【注意事项】

（1）配制 $AgNO_3$ 标准溶液的水应无 Cl^-，否则配制的 $AgNO_3$ 标准溶液出现白色沉淀，不能使用。

（2）加入 HNO_3 溶液是为阻止 Fe^{3+} 的水解，所用 HNO_3 溶液不应含有氮的低价氧化物，因为它能与 SCN^- 或 Fe^{3+} 反应生成红色物质[如 NOSCN、$Fe(NO)^{3+}$]，影响终点观察。用新煮沸放冷的 6 mol · L^{-1} HNO_3 溶液即可。

（3）标定 NH_4SCN 标准溶液（0.1 mol · L^{-1}）时必须强烈振摇，因为析出的 AgSCN 沉淀吸附相当的 Ag^+，如振摇不充分，则终点将会提前。

【思考题】

思考题答案

（1）根据指示终点的方法不同，$AgNO_3$ 标准溶液的标定有几种方法？各方法的滴定条件有何不同？

（2）佛尔哈德法中，能否用 $FeCl_3$ 作为指示剂？

（冯婷婷）

实验二　氯化铵的含量测定

【实验目的】

（1）掌握荧光黄作为指示剂判断滴定终点的方法。

（2）熟悉氯化铵含量的测定方法。

（3）了解用 $AgNO_3$ 标准溶液进行滴定的过程。

【实验原理】

采用吸附指示剂法，以荧光黄(HFIn)为指示剂，用 $AgNO_3$ 标准溶液滴定氯化铵片中氯化铵的含量，终点时混浊液由黄绿色转变为微红色。

终点前 Cl^- 过剩 $(AgCl)Cl^- \vdots M^+$

终点时 Ag^+ 过剩 $Ag^+ + FIn^- \longrightarrow (AgCl)Ag^+ \vdots FIn^-$

(黄绿色) (微红色)

为使终点变色敏锐，将溶液适当稀释并加入糊精以保护胶体。

知识拓展 11-2

知识链接 11-2

【仪器和试剂】

1. 仪器

电子天平(0.1 mg)，台秤，称量瓶，量筒(10 mL、100 mL)，锥形瓶(250 mL)，酸式滴定管(50 mL 或 25 mL)。

2. 试剂

氯化铵原料药，碳酸钙，$AgNO_3$ 标准溶液($0.1\ mol \cdot L^{-1}$)，2%糊精溶液，0.1%荧光黄乙醇溶液。

【实验内容】

取氯化铵原料药 0.2 g，精密称定，置于 250 mL 锥形瓶中，加新煮沸放置至室温的蒸馏水 50 mL 溶解。再加糊精溶液 5 mL，荧光黄指示剂 8 滴与碳酸钙 0.1 g，摇匀，用 $AgNO_3$ 标准溶液滴定至微红色，即为终点，平行测定 3 次。根据终点消耗 $AgNO_3$ 标准溶液的体积，按下式计算氯化铵的含量：

$$\omega_{NH_4Cl}(\%) = \frac{c_{AgNO_3} V_{AgNO_3} M_{NH_4Cl}}{S \times 1000} \times 100\%$$

式中，M_{NH_4Cl} 为 53.49 g/mol。

【注意事项】

实验必须控制在 pH 为 7.0～10.0 的中性或弱碱性溶液中进行。

【思考题】

(1) 使用荧光黄指示剂的酸度范围是多少？实验中怎么保持溶液在该范围内？

(2) 实验中为什么必须加入糊精？

思考题答案

(冯婷婷)

实验三 可溶性氯化物中氯含量的测定

【实验目的】

(1) 掌握 K_2CrO_4 指示剂法测定氯含量的方法及其原理，K_2CrO_4 指示剂的正确使用。

(2) 熟悉 $AgNO_3$ 标准溶液的配制和标定方法。

(3) 了解可溶性氯化物中氯含量的计算。

【实验原理】

在中性或弱碱性溶液中，以 K_2CrO_4 为指示剂，用 $AgNO_3$ 标准溶液滴定可溶性氯化物，这种直接滴定的方法称为莫尔法。由于 AgCl 的溶解度小于 Ag_2CrO_4 的溶解度，滴定时溶液中首先析出 AgCl 沉淀，待 AgCl 完全沉淀后，过量的 $AgNO_3$ 标准溶液与 CrO_4^{2-} 生成砖红色的 Ag_2CrO_4 沉淀，指示终点的到达。其主要反应如下：

$$Ag^+ + Cl^- = AgCl\downarrow（白色）\quad K_{sp}=1.8\times10^{-10}$$

$$2Ag^+ + CrO_4^{2-} = Ag_2CrO_4\downarrow（砖红色）\quad K_{sp}=2.0\times10^{-12}$$

知识链接
11-3

滴定必须在中性或弱碱性溶液中进行，最适宜的 pH 范围为 6.5～10.5，如果有铵盐存在，为了避免$[Ag(NH_3)_2]^+$生成，溶液 pH 应控制在 6.5～7.2。指示剂的用量对滴定有影响，一般以 5.0×10^{-3} mol · L^{-1}为宜。

【仪器与试剂】

1. 仪器

电子天平(0.1 mg)，台秤，烧杯，量筒，称量瓶，酸式滴定管(棕色，50 mL 或 25 mL)。

2. 试剂

$AgNO_3$(AR)，NaCl 基准试剂，5%K_2CrO_4 溶液，含氯试样(含氯质量分数约为 60%)。

【实验内容】

1. $AgNO_3$ 标准溶液(0.1 mol · L^{-1})的配制

$AgNO_3$ 标准溶液可以直接用干燥的 $AgNO_3$ 基准试剂来配制，但一般是采用标定法。称取 8.5 g $AgNO_3$，溶于 500 mL 不含 Cl^- 的纯水中，将溶液转入棕色瓶中，置于暗处保存。

2. $AgNO_3$ 标准溶液(0.1 mol · L^{-1})的标定

准确称取 NaCl 基准试剂 0.14 g 于锥形瓶中，加 25 mL 蒸馏水溶解，再加入 5% K_2CrO_4 溶液 1 mL，用 $AgNO_3$ 标准溶液(0.1 mol · L^{-1})滴定至溶液刚好出现浅红色混浊，即为终点，平行测定 3 次，计算 $AgNO_3$ 溶液的准确浓度。

3. 试样分析

知识拓展
11-3

准确称取可溶性氯化物试样约 1.0 g，置于 250 mL 锥形瓶中，加入 25 mL 蒸馏水溶解后，加入 5% K_2CrO_4 溶液 1 mL，在不断振摇下用 $AgNO_3$ 标准溶液滴定至溶液刚好出现浅红色混浊，即为终点，平行测定 3 次。试样中氯的质量分数按下式计算：

$$\omega_{Cl}(\%)=\frac{c_{AgNO_3}\times V_{AgNO_3}\times M_{Cl^-}}{S\times\frac{25}{250}\times1000}\times100\%$$

式中，M_{Cl^-} 为 35.45 g/mol。

【注意事项】

(1) $AgNO_3$ 若与有机物接触，则起还原作用，加热颜色变黑，所以不要使 $AgNO_3$ 与皮肤接触。

(2) 实验结束后，盛装 $AgNO_3$ 标准溶液的滴定管应先用蒸馏水冲洗 2～3 次，再用自来水冲洗，以免产生氯化银沉淀，难以洗净。

思考题答案

【思考题】

NOTE

(1) 莫尔法的滴定条件主要是控制 K_2CrO_4 溶液的浓度和溶液的酸度，为什么？

(2) 滴定过程中为什么要充分振摇溶液?

(曹洪斌)

实验四 氯化钡的干燥失重

【实验目的】

(1) 掌握分析天平的使用。
(2) 熟悉挥发重量法测定水分的原理和方法。
(3) 了解恒重的概念。

【实验原理】

知识拓展
11-4

$BaCl_2 \cdot 2H_2O$ 中结晶水的蒸气压,20 ℃时为 0.17 kPa,35 ℃时为 1.57 kPa,所以,除了在特别干燥的气候中,一般含 2 分子结晶水的氯化钡是稳定的。

$BaCl_2 \cdot 2H_2O$ 于 113 ℃失去结晶水,无水氯化钡不挥发,也不易变质,故干燥温度可高于 113 ℃。

应用挥发重量法,根据 $BaCl_2 \cdot 2H_2O$ 干燥后所损失的质量,可计算出氯化钡的干燥失重。

【仪器和试剂】

1. 仪器

电子天平(0.1 mg),称量瓶,电热干燥箱,坩埚钳,干燥器。

2. 试剂

$BaCl_2 \cdot 2H_2O$ 样品。

【实验内容】

1. 称量瓶恒重

取直径约为 3 cm 的扁平形称量瓶 3 个,洗净,放于炉温达 115 ℃的电热干燥箱中干燥后,置于干燥器中放冷至室温(30 min)、称量。重复上述干燥、放冷、称量操作,直至恒重,即连续两次干燥后的质量差异小于或等于 0.3 mg。

2. 样品干燥失重的测定

将 $BaCl_2 \cdot 2H_2O$ 样品置于研钵中研磨成粗粉,分别精密称取 3 份,每份约 1 g,置于已恒重的称量瓶中,使样品平铺于瓶底(厚度不超过 5 mm),称量瓶盖斜放于瓶口,以利于通气。

将称量瓶放入炉温达 115 ℃的电热干燥箱中干燥约 1 h,移至干燥器中,盖好称量瓶盖,放置 30 min,冷至室温,称其质量。再重复上述操作,直至恒重。记录称量的质量(表 11-1)。

知识链接
11-4

3. 数据处理

表 11-1 样品干燥失重的测定

次数	空称量瓶质量/g	称量瓶加样品质量/g	干燥后称量瓶加样品质量/g	干燥失重/g
1				
2				
3				

【注意事项】

(1) 要求恒重称量，应注意平行原则，即扁形称量瓶(或加样品后)在烘箱中干燥温度以及置于干燥器中冷却时间应保持一致。

(2) 称量速度要快，在称扁平形称量瓶中称量样品时，要盖好称量瓶盖子，以免称样过程中吸湿。

(3) 正确使用干燥器和坩埚钳。干燥器打开或盖上时应采用推开方法。搬动干燥器应用双手拿干燥器两侧和盖子的边缘，以免干燥器的盖子滑落打破。

(4) 在使用干燥器之前，更换新的干燥剂。

(5) 扁形称量瓶烘干后，取出置于干燥器中冷却，切勿将盖子盖严，以防冷却后很难将它打开。

(6) 样品要均匀地平铺在扁形称量瓶底部，以便样品中的水分得到挥发。

思考题答案

【思考题】

(1) 粗样为什么要研碎?

(2) 什么是恒重?

(韦国兵)

实验五　生药材灰分的测定

【实验目的】

(1) 掌握生药材总灰分测定方法。

(2) 熟悉生药材酸不溶性灰分的测定。

(3) 了解生药材灰分标准检验操作规程。

知识拓展 11-5

【实验原理】

生药材或食品在高温灼烧时发生一系列物理和化学变化，使有机成分挥发逸散，无机成分(主要是无机盐和氧化物)残留下来，这些残留物称为灰分。灰分是生药材中无机成分总量的一项重要指标，对控制生药材杂质限度和提高药材纯度方面有着非常重要的作用。灰分包括总灰分、水溶性灰分、酸溶性灰分和酸不溶性灰分四类。

1. 总灰分　指生药材经高温灼烧后的残留物，也称为粗灰分。

2. 水溶性灰分　指总灰分中可溶性 K、Na、Ca、Mg 等的氧化物和盐类的含量。

3. 酸溶性灰分　指总灰分中 Fe、Al 等的氧化物、碱土金属的碱式磷酸盐的含量。

4. 酸不溶性灰分　指药材污染产生的泥沙及原来残存的微量 SiO_2 的含量。

灰分的检测能够考察药品的原料及添加剂的使用情况，反映生药材饮片的加工精度，并能正确评价生药材的药用价值。

灰分测定一般是将一定量的生药材在高温或高温加强氧化剂条件下炭化，然后放入高温炉内灼烧，使有机物氧化分解成二氧化碳、氮的氧化物及水分等形式挥发逸出，而药材中的无机物则以硫酸盐、磷酸盐、碳酸盐、氯化物等无机盐和金属氧化物的形式残留下来，这些残留物即为灰分。通过称量残留物的质量，即可测定样品中总灰分的含量。

【仪器和试剂】

1. 仪器

高温炉，坩埚，坩埚钳，干燥器，电子天平(0.1 mg)。

2. 试剂

稀盐酸(1∶4)，6 mol·L^{-1}硝酸溶液，36% H_2O_2，某生药材供试品。

【实验内容】

1. 总灰分的测定

取洁净的坩埚，置于500～600 ℃高温炉中，打开盖，加热3 h，盖上盖取出，置于干燥器中冷却，称量。重复上述操作，干燥1 h、冷却、称量，直至恒重。迅速精密称定供试品2～3 g(如需测定酸不溶性灰分，可取供试品3～5 g)，置于灼烧至恒重的坩埚中，精密称定质量，缓缓加热，注意避免燃烧，至完全炭化时，逐渐升高温度至500～600 ℃，使其完全灰化，并至恒重。

如供试品不易灰化，可将坩埚放冷，加热水或10%硝酸铵溶液2 mL，使残渣湿润，然后置于水浴上蒸干，残渣照前法灼烧，至坩埚内容物完全灰化。

根据残渣质量，计算供试品中总灰分的含量(%)。

$$X(\%)=\frac{A-B}{C}\times 100\%$$

式中，X为试样中总灰分的含量(%)；A为坩埚和残渣的质量(g)；B为坩埚的质量(g)；C为试样的质量(g)。

2. 酸不溶性灰分的测定

取上述所得的灰分，在坩埚中逐滴加入稀盐酸约10 mL，用表面皿覆盖坩埚，置于水浴上加热10 min，表面皿用热水5 mL冲洗，洗液并入坩埚中，用无灰滤纸过滤，坩埚内的残渣用水洗于滤纸上，并洗涤至洗液不显氯化物反应为止。滤渣连同滤纸移至同一坩埚中，干燥，灼烧，至恒重。

根据残渣质量，计算供试品中酸不溶性灰分的含量(%)。

$$X(\%)=\frac{A-B}{C}\times 100\%$$

式中，X为试样中酸不溶性灰分的含量(%)；A为坩埚和残渣的质量(g)；B为坩埚的质量(g)；C为试样的质量(g)。

知识链接
11-5

【注意事项】

(1) 样品炭化时要注意热源强度，防止产生泡沫溢出坩埚。

(2) 将坩埚放入或取出高温炉时，要在炉口停留片刻使坩埚预热或冷却，防止因温度骤变而破裂。

(3) 用过的坩埚经初步洗刷后，可用盐酸浸泡10～20 min，再用水洗干净。

(4) 灰化后所得残渣可留作钙、磷、铁等的分析。

【思考题】

(1) 什么是总灰分？什么是酸不溶性灰分？

(2) 测定总灰分的目的是什么？

思考题答案

(韦国兵)

实验六　葡萄糖干燥失重的测定

【实验目的】

(1) 掌握干燥失重的测定方法。

(2) 熟悉电子天平的称量操作。

(3) 了解恒重的概念和意义。

知识拓展
11-6

【实验原理】

运用挥发重量法将样品加热,使其中水分及挥发性物质逸出后,根据样品所减少的质量计算干燥失重。恒重是指试样连续两次干燥或灼烧后称得的质量差在 0.3 mg 以下。干燥失重是将样品在温度为 100 ℃、压力不超过 13500 Pa 的真空干燥箱内进行加热至恒重,冷却至室温后称量样品的残余质量,进而计算挥发性成分的含量。

【仪器和试剂】

1. 仪器

电子天平(0.1 mg),电热真空干燥箱,扁称量瓶,干燥器。

2. 试剂

葡萄糖(AR)。

【实验内容】

1. 样品的预处理

在样品容器内将葡萄糖充分混匀,放在密封和防潮的容器内。

2. 称量器皿的准备

将敞开的金属碟和盖置于干燥箱内,在 100 ℃下干燥 1 h 后移入干燥器内,冷却至室温,精密称量,精确至 0.0001 g。干燥至恒重。

3. 称样

称取约 10 g 无水葡萄糖放入金属碟中,盖好盖,精密称定,精确至 0.0001 g。

4. 测定

将装有样品盖好盖的金属碟置于干燥箱内,打开盖将盖放在碟旁,在(100±1) ℃烘干 4 h,压力不超过 13500 Pa。4 h 后,关掉真空泵,取出盖好盖的金属碟放入干燥器内,冷却至室温,称量,精确至 0.0001 g,平行测定 2 次(表 11-2)。按照下式计算葡萄糖干燥失重。

$$\text{葡萄糖干燥失重}(\%)=\frac{W_{\text{试样+称量瓶}}-W_{\text{干燥后试样+称量瓶}}}{W}\times 100\%$$

5. 数据处理

表 11-2　葡萄糖干燥失重的测定

		1	2
空称量瓶质量/g	第一次		
	第二次		

NOTE

续表

		1	2
空称量瓶＋样品质量/g			
干燥后称量瓶＋样品质量/g	第一次		
	第二次		
葡萄糖干燥失重/g			
葡萄糖干燥失重/(%)			

知识链接
11-6

【注意事项】

(1) 不要同时在干燥器内放置 4 个以上的称量瓶。

(2) 应进行平行实验。

(3) 样品混匀过程中，若容器太小，应将样品全部转移到容积适当的预干燥容器内，以便于样品混匀。

(4) 取样要迅速，密封要好。

(5) 干燥器中金属碟不能叠放。

思考题答案

【思考题】

(1) 测定干燥失重的方法有哪些？

(2) 常压加热干燥法适用于测定哪些化合物的干燥失重？

(韦国兵)

NOTE

·第三部分·

仪器分析实验

第十二章　电位分析法及永停滴定法

扫码看课件
PPT

实验一　常用注射液中 pH 的测定

【实验目的】

(1) 掌握测定溶液 pH 的方法。
(2) 熟悉 pH 标准缓冲溶液定位的意义和温度补偿装置的作用。
(3) 了解 pH 计的使用。

【实验原理】

直接电位法测定溶液的 pH 常选用玻璃电极(GE)为指示电极，饱和甘汞电极(SCE)为参比电极，浸入被测溶液中，组成原电池：

(−)Ag|AgCl,内充液|玻璃膜|被测溶液||KCl(饱和),Hg_2Cl_2|Hg(+)

$$E=\phi_{SCE}-\phi_{GE}=\phi_{SCE}-\left(K-\frac{2.303RT}{F}pH_x\right)=K'+\frac{2.303RT}{F}pH_x$$

上式表明，只要 K' 已知且固定不变，测得电动势 E 后，便可求得被测溶液的 pH_x。电池的电动势 E 与溶液的 pH 之间呈线性关系，其斜率为 $\frac{2.303RT}{F}$，即溶液 pH 变化一个单位时，电池电动势变化 $\frac{2.303RT}{F}$ V。$\frac{2.303RT}{F}$ 中除 T 以外都是常数，即此值随电池系统的温度而变，当溶液的温度不同时，溶液 pH 变化一个单位，引起电池电动势的变化也不同，因此 pH 计上均设有温度调节旋钮，以消除温度对测定的影响。由于实际 K' 随溶液的组成、电极类型和使用时间长短等的不同而发生变动，而变动值又不易准确测定，故实际工作中常采用相对测量法，即采用两次测量法测定溶液的 pH。测量时，首先用标准缓冲溶液来校准 pH 计，也称为"定位"。由于 SCE 在标准缓冲溶液中及被测溶液中产生的液接电位未必相同，由此会引起误差，但若二者的数值极为接近($\Delta pH<3$)，则液接电位不同引起的误差可忽略。所以，选用标准缓冲溶液的 pH_s 应尽量接近样品溶液的 pH_x。

知识拓展
12-1

对于精密级 pH 计，除了设有"定位"和"温度补偿"调节外，还设有电极"斜率"调节，它就需要用两种标准缓冲溶液进行校准。一般先以 pH 6.86 或 pH 7.00 进行"定位"校准，然后根据测试溶液的酸碱情况，选用 pH 4.00(酸性)或 pH 9.18(碱性)缓冲溶液进行"斜率"校正。

【仪器和试剂】

1. 仪器

pHS-25 型酸度计，复合 pH 电极，烧杯(100 mL)，温度计。

2. 试剂

标准缓冲溶液(pH 6.86、4.00 和 9.18)，被测试液如葡萄糖注射液，氯化钠注射液，葡萄

NOTE

糖氯化钠注射液,碳酸氢钠注射液。

【实验内容】

(1) 接通电源,打开仪器,预热约 15 min。

(2) 调节“温度”旋钮,使温度与室温相同。

(3) 从饱和 KCl 溶液中取出电极,洗净、擦干,插入 pH 6.86 的标准缓冲溶液中,按“标定”按钮,待读数稳定后,按 2 次“确认”键,仪器转入“斜率”标定状态。

(4) 将电极取出,洗净、擦干,插入 pH 4.00(或 pH 9.18)的标准缓冲溶液中,待读数稳定后,连续按 2 次“确认”键。

(5) 将电极取出,洗净、擦干,插入待测溶液中,测定 pH。

(6) 实验结束,关闭电源。将电极取出,洗净、擦干,插入饱和 KCl 溶液中保存。

(注意:如果在“标定”过程中,操作失误或按键按错而使仪器使用不正常,可关闭电源,然后按住“确认”键后再开启电源,可使仪器恢复初始状态,然后重新标定。)

(7) 数据处理(表 12-3)。

知识链接

12-1

表 12-3 常用注射液中 pH 的测定

	Ⅰ	Ⅱ	Ⅲ	平均值	规定值
葡萄糖注射液					3.2～6.5
氯化钠注射液					4.5～7.0
葡萄糖氯化钠注射液					3.5～5.5
碳酸氢钠注射液					7.5～8.5

【注意事项】

(1) 复合 pH 电极需浸泡在饱和 KCl 溶液中。

(2) 复合 pH 电极下端玻璃球很薄,需小心使用,以防破裂,使用中切忌与硬物接触,且不得擦拭。

(3) 使用复合 pH 电极时须将加液口的小橡皮塞取下,以保持足够的电位差,用毕再套好。

各种 pH 测定装置

【思考题】

思考题答案

(1) 何为指示电极和参比电极?它们在电位法中的作用是什么?直接电位法测定溶液的 pH,常使用的指示电极和参比电极是什么?

(2) pH 计能否测定有色溶液或混浊溶液的 pH?

(魏芳弟)

实验二　磷酸的电位滴定

【实验目的】

(1) 掌握电位滴定法确定滴定终点的三种方法。

(2) 熟悉绘制电位滴定曲线的方法。

(3) 了解磷酸的解离平衡常数 pK_{a1} 及 pK_{a2} 的测定。

【实验原理】

电位滴定法是根据滴定过程中电池电动势的突变来确定滴定终点的方法。

电位滴定时，记录滴定体积和相应的 pH，按滴定曲线（pH-V）、一阶微商曲线（$\Delta pH/\Delta V$-$\overline{V}$）或二阶微商曲线（$\Delta^2 pH/\Delta V^2$-V）作图法确定滴定终点（图 12-1）。

在滴定终点附近时，滴定曲线近似直线段，故在实际工作中常不作图，而是用内插法计算滴定终点时标准溶液的体积。此法更为准确、方便。计算公式见下式：

$$V_x = V_{上} - \frac{V_{下} - V_{上}}{(\Delta^2 E/\Delta V^2)_{下} - (\Delta^2 E/\Delta V^2)_{上}} \cdot (\Delta^2 E/\Delta V^2)_{上}$$

$$\begin{array}{ccc} V_{上} & V_x & V_{下} \\ \vert\text{———————} & \vert & \text{———————}\vert \\ (\Delta^2 E/\Delta V^2)_{上} & 0 & (\Delta^2 E/\Delta V^2)_{下} \end{array}$$

式中，V_x 为滴定终点时的体积；$(\Delta^2 E/\Delta V^2)_{上}$、$(\Delta^2 E/\Delta V^2)_{下}$ 分别为滴定终点后的二阶微商；$V_{上}$、$V_{下}$ 分别为与 $(\Delta^2 E/\Delta V^2)_{上}$、$(\Delta^2 E/\Delta V^2)_{下}$ 对应的体积。

根据 pH-V 滴定曲线，也可求出 H_3PO_4 的 K_{a1} 和 K_{a2}。磷酸是多元酸，在水溶液中是分步离解的，即

$$H_3PO_4 \xrightleftharpoons{K_{a1}} H^+ + H_2PO_4^- \qquad K_{a1} = \frac{[H^+][H_2PO_4^-]}{[H_3PO_4]}$$

$$H_2PO_4^- \xrightleftharpoons{K_{a2}} H^+ + HPO_4^{2-} \qquad K_{a2} = \frac{[H^+][HPO_4^{2-}]}{[H_2PO_4^-]}$$

当用 NaOH 标准溶液滴定至剩余 H_3PO_4 的浓度与生成的 NaH_2PO_4 的浓度相等时，$K_{a1}=[H^+]$，即 $pK_{a1}=pH$，也就是说，第一半中和点（$\frac{1}{2}V_{eq1}$）对应的 pH 即为 pK_{a1}。同理，当继续用 NaOH 标准溶液滴定至 $[H_2PO_4^-]=[HPO_4^{2-}]$ 时，$pK_{a2}=pH$，即第二半中和点体积所对应的 pH 就是 pK_{a2}。

知识链接 12-2

知识拓展 12-2

【仪器和试剂】

1. 仪器

pHS-25 型酸度计，复合 pH 电极，电磁搅拌器，磁子，碱式滴定管（50 mL），烧杯（100 mL），移液管（10 mL），量筒（100 mL），洗耳球，温度计。

2. 试剂

标准缓冲溶液（pH 4.00 和 6.86），NaOH 标准溶液（0.1 mol·L^{-1}），磷酸样品溶液（0.1 mol·L^{-1}）。

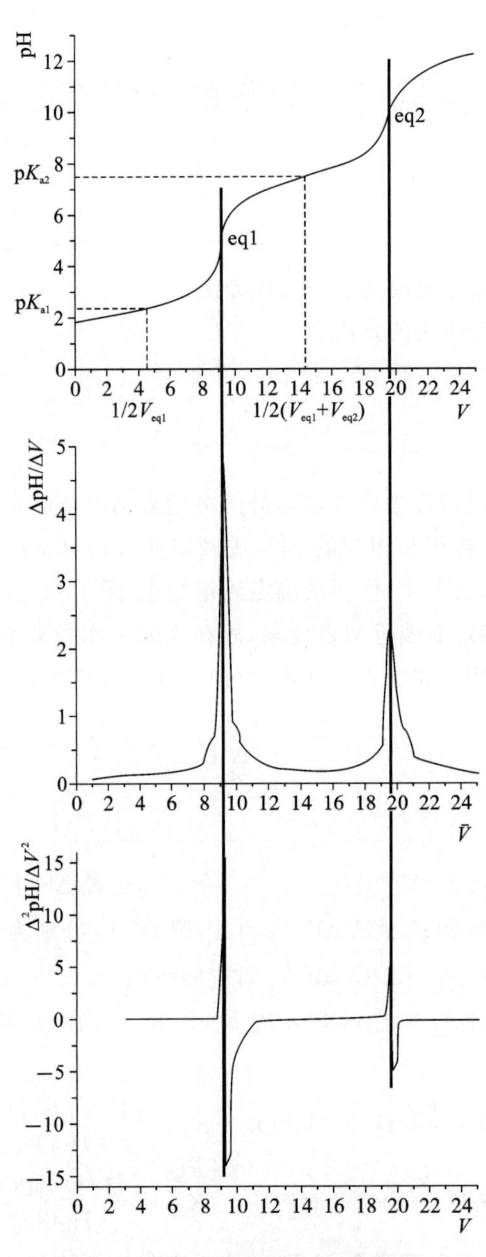

图 12-1　电位滴定法终点的确定

【实验内容】

(1) 用 pH 6.86 与 pH 4.00 的标准缓冲溶液校准 pH 计。

(2) 用移液管精密吸取 10.00 mL 磷酸样品溶液，置于 100 mL 烧杯中，加蒸馏水 20 mL，插入复合 pH 电极。在电磁搅拌下，用 NaOH 标准溶液($0.1\ mol \cdot L^{-1}$)进行滴定，当 NaOH 标准溶液未达 8.00 mL 前，每加 1.00 mL NaOH 溶液并记录 pH，在化学计量点(即加入少量 NaOH 溶液引起溶液的 pH 变化逐渐变大)前后±10%时，每次加入 0.2 mL NaOH 标准溶液记录一次 pH。用同样的方法，继续滴定至过了第二个化学计量点为止。

(3) 关闭 pH 计和磁力搅拌器，拆除装置，清洗电极，并将其浸泡在饱和 KCl 溶液中。

【注意事项】

(1) 先将仪器装好，用 pH 6.86 与 pH 4.00 的标准缓冲溶液校准 pH 计后，勿动定位按

钮。安装复合 pH 电极时，既要将电极插入待测液中，又要防止在滴定操作过程中搅拌溶液时，烧杯中转动的磁子棒触及、损坏电极。

（2）电位滴定中的测量点分布，应控制在化学计量点前后密些，远离化学计量点疏些，在接近化学计量点时，每次加入的溶液量应保持一致（如 0.20 mL），这样便于数据处理和滴定曲线的绘制。

（3）滴定剂加入后，尽管发生的酸碱反应的速度很快，但电极响应需要一定时间，故要充分搅拌溶液，切忌滴加滴定剂后立即读数，应在搅拌平衡后，停止搅拌，静态读取酸度计的 pH，以求得到稳定的数据。

（4）搅拌速度略慢些，以免溶液溅失。

【思考题】

思考题答案

（1）如何根据 pH-V、ΔpH/ΔV-$\overline{V}$ 和 Δ^2pH/ΔV^2-V 作图法确定滴定终点？

（2）电位滴定中，能否用 E 的变化来代替 pH 的变化？

（魏芳弟）

实验三　醋酸 K_a 的测定

【实验目的】

（1）掌握电位滴定法测定弱酸 K_a 的方法。

（2）熟悉 pH 计和碱式滴定管的使用。

【实验原理】

乙酸，也称醋酸（36%～38%）、冰醋酸（98%），化学式为 CH_3COOH（简写为 HAc），其 K_a 为 1.75×10^{-5}，当以 NaOH 标准溶液滴定醋酸溶液时，在化学计量点附近可以观察到 pH 的突越。

醋酸溶液中存在下列解离平衡：

$$HAc \rightleftharpoons H^+ + Ac^-$$

知识拓展 12-3

一定温度下，达到解离平衡时：

$$K_a=\frac{[H^+][Ac^-]}{[HAc]}$$

半计量点 $V=\frac{1}{2}V_{eq}$ 时，$[HAc]=[Ac^-]$，$K_a=[H^+]$，即 $pK_a=pH$，也就是说，$\frac{1}{2}V_{eq}$ 对应的 pH 即为醋酸的 pK_a。

【仪器和试剂】

知识链接 12-3

1. 仪器

pHS-25 型酸度计，复合 pH 电极，电磁搅拌器，磁子，碱式滴定管（50 mL 或 25 mL），烧杯（100 mL），移液管（20 mL），洗耳球，温度计。

2. 试剂

标准缓冲溶液（pH 4.00 和 pH 6.86），NaOH 标准溶液（0.1 mol · L^{-1}），醋酸样品溶液

(0.1 mol·L^{-1})。

【实验内容】

(1) 用 pH 6.86 与 pH 4.00 的标准缓冲溶液校准 pH 计。

(2) 用移液管精密吸取 20.00 mL 醋酸样品溶液，置于 100 mL 烧杯中，插入复合 pH 电极。在电磁搅拌下，用 NaOH 标准溶液(0.1 mol·L^{-1})进行滴定，当 NaOH 标准溶液未达 8.00 mL 前，每加 1.00 mL NaOH 溶液记录 pH，在化学计量点(即加入少量 NaOH 溶液引起溶液的 pH 变化逐渐变大)前后±10%时，每次加入 0.2 mL NaOH 溶液，记录一次 pH。化学计量点后，继续每加 1.00 mL NaOH 溶液记录 pH，直至体积达 20 mL 以上。

(3) 关闭 pH 计和磁力搅拌器，拆除装置，清洗电极，并将其浸泡在饱和 KCl 溶液中。

(4) 参照本章实验二磷酸的电位滴定处理数据，计算醋酸的 K_a。

【注意事项】

见本章实验一常用注射液中 pH 的测定和实验二磷酸的电位滴定。

【思考题】

思考题答案

实验所使用的 HAc 和 NaOH 标准溶液的准确浓度是否需要知道？为什么？

(魏芳弟)

实验四　电位法测定水中氟离子的含量

【实验目的】

(1) 进一步掌握酸度计的使用方法。

(2) 了解用氟离子选择电极测定水中氟含量的原理和方法。

(3) 学会用标准曲线法测定水中氟离子的含量。

【实验原理】

电极的种类很多，其中能测量离子活度的指示电极是离子选择电极。这类电极基本上都是薄膜电极，它们是由对某一离子具有不同程度的选择性响应的膜所构成的。氟离子选择电极简称氟电极，其电极是对氟离子有响应的 LaF_3 制成的单晶敏感膜。

测定 F^- 浓度的方法与测定 pH 的方法相似。当氟电极与饱和甘汞电极插入溶液时，其电池的电动势(E)，在一定条件下与 F^- 活度的对数值呈线性关系：

$$E=b-0.0592\lg a(F^-)$$

式中，b 在一定条件下为一常数。

通过测量电池电动势，可以测定 F^- 的活度。当溶液的总离子强度不变时，离子的活度系数为一定值，则 E 与 F^- 活度的对数值呈线性关系。

对游离 F^- 测定有干扰的主要离子是 OH^-，因此被测试液的 pH 应保持在 5～6 之间。在 pH 较低时，游离 F^- 形成了 HF 分子，电极不能响应。pH 过高，则 OH^- 有干扰。此外，能与 F^- 生成稳定配合物或难溶化合物的元素会干扰测定，通常可以加掩蔽剂消除其干扰。为了测定 F^- 的浓度，常在标准溶液与试样溶液中，同时加入足够量的相等的离子强度缓冲溶液以控

制一定的离子强度和酸度，并消除其他离子的干扰。

当 F^- 浓度为 $1\sim10^{-6}$ mol·L^{-1}时，氟电极电势与 pF（F^- 活度的负对数）呈线性关系，可用标准曲线法进行测定。

标准曲线法是在测定未知液之前，先将指示电极与参比电极放在一系列含有不同浓度的待测离子的标准溶液中，测定它们的电动势（E），并画出 E-pF 图，在一定浓度范围内它是一条直线。然后在待测的未知溶液中（含有与标准溶液同样的离子强度缓冲溶液），用同一对电极测其电动势（E_x）。从 E-pF 图上找出与 E_x 相应的 F^- 浓度。本实验就是用此方法来测定自来水中氟离子的含量。

知识拓展
12-4

【仪器和试剂】

1. 仪器

酸度计，氟电极，饱和甘汞电极，移液管（5 mL、10 mL、25 mL），容量瓶（50 mL、100 mL），电磁搅拌器，磁子。

2. 试剂

0.1000 mol·L^{-1} F^- 标准储备液，离子强度缓冲溶液。

知识链接
12-4

【实验内容】

（1）氟电极的准备：使用前应将氟电极放在 10^{-4} mol·L^{-1} F^- 溶液中浸泡约 30 min，然后再用蒸馏水清洗电极至空白值为 300 mV 左右，最后浸泡在水中待用。

（2）系列标准溶液的配制：精密移取 1.000×10^{-1} mol·L^{-1}的 F^- 标准溶液 10.00 mL，置于 100 mL 容量瓶中，加入离子强度缓冲溶液 10 mL，用蒸馏水稀释至刻度，摇匀。即得 1.000×10^{-2} mol·L^{-1}的 F^- 标准溶液。用类似方法配制 1.000×10^{-3} mol·L^{-1}，1.000×10^{-4} mol·L^{-1}，1.000×10^{-5} mol·L^{-1}，1.000×10^{-6} mol·L^{-1}的 F^- 系列标准溶液。

（3）将上述配制的 5 种不同浓度的 F^- 标准溶液，由低浓度到高浓度依次转入塑料小烧杯中，插入氟电极和参比电极，用电磁搅拌器搅拌 4 min 后，停止搅拌 30 min，开始读取平衡电势，然后每隔 30 s 读一次数，直至 3 min 内不变为止。

（4）以 pF 为横坐标，E/mV 为纵坐标绘出标准曲线。

（5）准确吸取自来水样 25 mL 于 50 mL 容量瓶中，加入 5 mL 离子强度缓冲溶液，用蒸馏水稀释至刻度。摇匀。在与标准曲线相同的条件下测出其电势。从标准曲线上查出对应于标准溶液的 F^- 浓度，从而可计算出水样中 F^- 的浓度。

（6）实验完毕，将电极清洗干净，若电极暂不再使用，则应风干后保存好。

【注意事项】

测定系列标准浓度时一定要按照从低浓度到高浓度的顺序。

【思考题】

（1）用氟电极测定 F^- 浓度的基本原理是什么？

（2）实验中离子强度缓冲溶液各组分的作用是什么？

思考题答案

（王浩江）

实验五　亚硝酸钠标准溶液的配制与标定

【实验目的】

(1) 掌握重氮化滴定的原理和滴定条件。
(2) 熟悉永停滴定法的装置和实验操作。

【实验原理】

永停滴定法属于电流滴定法，它是将两个相同的铂电极插入待滴定溶液中，在两个电极间外加一电压(10～200 mV)，观察滴定过程中通过两极间的电流变化，根据电流变化的情况确定滴定终点。永停滴定法装置简单，确定终点方便，准确度高。

对氨基苯磺酸是具有芳伯氨基的化合物，在酸性条件下，可与 $NaNO_2$ 发生重氮化反应而定量地生成重氮盐。其反应如下：

$$HO_3S-C_6H_4-NH_2 + NaNO_2 + 2HCl \longrightarrow \left[HO_3S-C_6H_4-N\equiv N\right]^+ Cl^- + NaCl + 2H_2O$$

化学计量点前，两个电极上无反应，故无电解电流产生。化学计量点后，溶液中少量的亚硝酸及其分解产物一氧化氮在两个铂电极上产生反应。

$$\text{阳极}\quad NO + H_2O \longrightarrow HNO_2 + H^+ + e$$

$$\text{阴极}\quad HNO_2 + H^+ + e \longrightarrow NO + H_2O$$

滴定终点时，电池由原来的无电流通过而变为有电流通过，检流计指针发生偏转，并不再回到零，从而可判断滴定终点。

根据消耗 $NaNO_2$ 的体积和基准物的称样量，便可计算出 $NaNO_2$ 标准溶液的浓度。

【仪器和试剂】

知识拓展
12-5

知识链接
12-5

1. 仪器

永停滴定仪，酸度计，铂电极，酸式滴定管(50 mL)，烧杯(100 mL)，细玻棒，容量瓶(500 mL)。

2. 试剂

对氨基苯磺酸，浓氨液，$NaNO_2$ 标准溶液(0.1 mol·L^{-1})，盐酸(1∶1)，淀粉-KI 试纸，$FeCl_3$，HNO_3，Na_2CO_3。

【实验内容】

1. $NaNO_2$ 标准溶液(0.1 mol·L^{-1})的配制

称取亚硝酸钠 3.6 g，加无水碳酸钠 0.05 g，加水使之溶解，并稀释至 500 mL，摇匀，即得。

2. $NaNO_2$ 标准溶液(0.1 mol·L^{-1})的标定

精密称取在 120 ℃干燥至恒重的基准物对氨基苯磺酸约 0.4 g，置于烧杯中，加水 30 mL 和浓氨液 3 mL。溶解后，加盐酸(1∶1)20 mL，搅拌，30 ℃以下用 $NaNO_2$ 标准溶液迅速滴定。

滴定时，将滴定管尖端插入液面下约 2/3 处，边滴边搅拌。在临近终点时，将滴定管尖端提出液面，用少量蒸馏水洗涤尖端，继续缓缓滴定，用永停法指示终点，至检流计指针发生较大偏转，持续 1 min 不恢复，即为终点。取 3 份平行操作的数据，分别计算 $NaNO_2$ 浓度，求出浓度平均值及相对平均偏差。

【注意事项】

（1）实验前，应检查永停滴定仪的检流计是否反应灵敏，在滴定过程中要求 10^{-9} A/格。根据测试结果更换或调整电极。实验前必须检查永停滴定仪的外加电压，可用酸度计测量。一般外加电压在 30～100 mV。

（2）电极活化。电极经多次测量后，电极会发生钝化现象（即电极灵敏度降低），需对铂电极进行活化处理。方法是在浓 HNO_3 中加入少量 $FeCl_3$，浸泡 30 min 以上。浸泡时，需将铂电极插入溶液，但勿接触器皿底部，以免弯折受损。

（3）对氨基苯磺酸难溶于水，加入氨试液可使其溶解。操作上一定要待样品完全溶解后方可用盐酸酸化。

（4）重氮化反应，宜在 0～15 ℃温度下进行，主要是为了防止亚硝酸的分解。滴定管尖端插入液面下 2/3 处进行滴定，前期滴定速度快。如发现检流计光标的晃动，可将滴定管尖端提出液面，一滴一滴地加入 $NaNO_2$ 滴定液，直至检流计光标偏转较大而又不恢复，即到达终点。

（5）终点的确定，可配合淀粉-KI 试纸。在近终点时，用淀粉-KI 试纸与反应液接触，若立即变蓝，则到终点。若不立即变蓝，则未到终点（试纸后来变蓝，是空气氧化的结果）。

【思考题】

（1）重氮化反应的条件是什么？为什么本次实验可在常温下进行？
（2）配制 $NaNO_2$ 标准溶液时，为何要加入适量的 Na_2CO_3？

思考题答案

（王浩江）

实验六　永停滴定法测定磺胺嘧啶的含量

【实验目的】

（1）掌握重氮化滴定中永停滴定法的原理，磺胺类药物重氮化滴定的原理。
（2）了解永停滴定法的操作。

【实验原理】

本实验采用永停滴定法测定磺胺嘧啶含量。磺胺嘧啶大多数是具有芳伯氨基的药物，它在酸性介质中可与亚硝酸钠定量完成重氮化反应而生成重氮盐，反应如下：

$$\text{(嘧啶基)}-NHSO_2-C_6H_4-NH_2 + NaNO_2 + 2HCl \longrightarrow$$

$$\left[\text{(嘧啶基)}-NHSO_2-C_6H_4-N\equiv N\right]^+ Cl^- + NaCl + H_2O$$

知识拓展 12-6

化学计量点前，溶液中无可逆电对，无电流产生，电流计指针停在零位（或接近于零位）；化学计量点后，过量的 $NaNO_2$ 使溶液中有 HNO_2/NO（HNO_2 分解产物）可逆电对存在，在电极上发生如下电极反应：

阳极　$NO + H_2O \longrightarrow HNO_2 + H^+ + e$

阴极　$HNO_2 + H^+ + e \longrightarrow NO + H_2O$

因此，在化学计量点时，电路由原来的无电流通过变为有电流通过，检流计指针发生偏转，从而指示滴定终点。

【仪器和试剂】

1. 仪器

永停滴定仪，酸度计，铂电极，电磁搅拌器，搅拌子，酸式滴定管(50 mL 或 25 mL)，烧杯(100 mL)。

2. 试剂

$NaNO_2$ 标准溶液(0.1 mol·L^{-1})，盐酸(6 mol·L^{-1})，对氨基苯磺酸(基准试剂)，淀粉-KI 试纸，溴化钾(AR)，磺胺嘧啶(原料药)。

【实验内容】

取磺胺嘧啶($C_{10}H_{10}N_4O_2S$)约 0.5 g，精密称定，置于烧杯中，加水 40 mL 与盐酸溶液 15 mL，搅拌使其溶解。再加溴化钾 2 g，插入电极后，将滴定管尖端插入液面下约 2/3 处，用 $NaNO_2$ 标准溶液(0.1 mol·L^{-1})迅速滴定，随滴随搅拌。至近终点时，将滴定管尖端提出液面，用少量水淋洗尖端，洗液并入溶液中，继续缓缓滴定，至检流计指针发生偏转并持续 1 min 不恢复，即为终点。同时用淀粉-KI 试纸确定终点，并将两种确定终点的方法加以比较。重复上述实验，但不加 KBr，比较滴定终点情况。磺胺嘧啶原料药含量按下式计算：

知识链接
12-6

$$w_{C_{10}H_{10}N_4O_2S}(\%)=\frac{(cV)_{NaNO_3}\times M_{C_{10}H_{10}N_4O_2S}}{m\times 1000}\times 100\%$$

式中，$M_{C_{10}H_{10}N_4O_2S}$为 250.3 g/mol。

【注意事项】

(1) 按亚硝酸钠标准溶液的配制与标定的实验要求，检查永停滴定装置的线路和外加电源，注意终点的确定方法。

(2) 滴定速度稍快，近终点时，速度要慢，仔细观察检流计指针偏转的突跃。

(3) 酸度一般在 1～2 mol·L^{-1}为宜。

(4) 滴定剂接触淀粉-KI 试纸时，若立即变蓝，即到终点；若不立即变蓝，则尚未到达终点。

(5) 实验结束时，要把检流计和永停滴定装置的电流切断，检流计置于短路。

【思考题】

思考题答案

(1) 具有何种结构的药物可以采用亚硝酸钠法进行测定？

(2) 磺胺嘧啶含量测定时，加入 KBr 的作用是什么？

(王浩江)

NOTE

第十三章　紫外-可见分光光度法

扫码看课件

PPT

实验一　工作曲线法测定 $KMnO_4$ 的含量

【实验目的】

(1) 掌握工作曲线的绘制及定量测定的方法。

(2) 熟悉吸收光谱曲线中选择最大吸收波长的方法。

(3) 了解紫外-可见分光光度计的操作方法。

【实验原理】

高锰酸钾溶液呈紫红色,在可见光区有吸收,可绘制吸收光谱曲线。通过吸收光谱曲线确定最大吸收波长,在最大吸收波长处进行含量测定。因此,可以用紫外-可见分光光度法对高锰酸钾溶液进行定性和定量分析。

工作曲线法首先需要配制一系列被测物质的标准溶液,以空白溶液作为参比,在最大吸收波长处分别测出它们的吸光度。以浓度为横坐标,吸光度为纵坐标,绘制标准曲线或工作曲线。然后,在相同条件下测定试样溶液的吸光度,从标准曲线上找出与之对应的被测组分的含量,或从回归方程中求出被测组分的含量。

【仪器和试剂】

知识链接

13-1

1. 仪器

紫外-可见分光光度计,分析天平,比色皿(1 cm),吸量管(5 mL),容量瓶(25 mL、1000 mL)。

2. 试剂

高锰酸钾(AR),纯化水。

【实验步骤】

(一) 标准储备溶液的制备

精密称取高锰酸钾 0.12 g,置于烧杯中,加蒸馏水溶解,转移至 1000 mL 容量瓶中,并稀释至刻度,摇匀,即得高锰酸钾标准储备溶液(0.12 mg/mL)。

(二) 比色测定

1. 吸收曲线的绘制

吸取上述 $KMnO_4$ 标准储备溶液 2 mL 于 1 cm 比色皿中,置于仪器的比色皿架上。在 400～700 nm 之间每隔 20 nm 测量一次被测溶液的吸光度。在有吸收峰或吸收谷的波段,再以 5 nm(或更小)的间隔测定吸光度,必要时重复测定。记录不同波长处的吸光度,以波长为

横坐标，吸光度为纵坐标，将测得值逐点描绘在坐标纸上并连接起来，即得吸收曲线。从吸收曲线中找出最大吸收波长。

2. 标准曲线的绘制

分别精密量取 $KMnO_4$ 标准储备溶液 0.00 mL、1.00 mL、2.00 mL、3.00 mL、4.00 mL、5.00 mL 于 25 mL 容量瓶中，用蒸馏水稀释至刻度线，摇匀。以蒸馏水为空白，在最大吸收波长处，依次测定各溶液的吸光度 A，然后以浓度 c(mg/mL)为横坐标，相应的吸光度 A 为纵坐标，绘制标准曲线。

3. 样品的测定

精密量取样品溶液 5.00 mL 于 25 mL 容量瓶中(约含 $KMnO_4$ 0.5 mg)，用蒸馏水稀释到刻度，摇匀，依上法操作，测出相应吸光度 A。从标准曲线中查吸光度 A 所对应的高锰酸钾样品溶液的浓度。

4. 实验数据记录及处理

如表 13-1 记录实验数据：

(1) 吸收曲线记录。

分光光度计型号__________

表 13-1　吸收曲线的绘制

波长(λ)	吸光度(A)

(2) 标准曲线和样品测定记录(表 13-2)。

分光光度计型号__________，测定波长__________

表 13-2　标准曲线的绘制

项目	标准溶液						未知液
容量瓶编号	1	2	3	4	5	6	7
吸取的体积/mL	0.00	1.00	2.00	3.00	4.00	5.00	5.00
吸光度 A							
总含量/(mg/mL)							

【注意事项】

(1) 透光率一致性的核对与校正：将规格相同的四个比色皿分别编号标记，都装空白溶液，在最大波长处测定各比色皿的透光率，结果应相同。若有显著差异，应将比色皿重新洗涤后，再装空白溶液测试，经洗涤可使透光率差异减小，可通过多次洗涤使透光率一致。若经几次洗涤，各比色皿的透光率差异基本无变化，可用下法校正，以透光率最大的比色皿为100%透光，测定其余各比色皿的透光率，分别换算成吸光度作为各比色皿的校正值。测定溶液时，以上述100%透光的比色皿作为空白，用其他各比色皿装溶液，测得值以吸光度计算，减去所用比色皿的校正值。

(2) 厚度核对：核对比色皿的厚度，需先经过透光一致性的检验。核对厚度的方法是用同一种吸光溶液吸光度在 0.5～0.7 之间为宜，分别盛于各比色皿中，在同一条件下测定其吸光度。测得值应相同(若有透光校正值，应扣除)。若各比色皿测得值之间有超出允许误差的差

值，则说明厚度有差别，测量值大的厚度大，若不能更换选配，必要时也可用校正值，即以其中一个为标准，将其测得值与其他比色皿的测得值之比作为换算成同一厚度时用的因数。

(3) 推拉吸收池拉杆时，一定要注意滑板是否在定位槽中。

(4) 在开启吸收池试样室盖板或暂停测试时，光路闸门一定要关上，以保护光电管，避免受光过强或时间过长而导致检测器疲劳和损坏。

知识拓展
13-1

(5) 不能用手捏比色皿的透光面，比色皿盛放溶液前，应用待装溶液润洗 3 次。

(6) 试液应装至比色皿高度的 2/3 处，装液时要尽量避免溢出，如果池壁上有液滴，应用滤纸吸干。

(7) 根据所用的测定波长，选择钨灯或氘灯，玻璃材质或石英材质的比色皿。

【思考题】

思考题答案

(1) 改变入射光的波长时，要用空白溶液调节透光率为 100%，再测定溶液的吸光度，为什么？

(2) 根据测定时所用光的波长，应选择何种光源？为什么？

(3) 比色皿(吸收池)的透光率和厚度常不能绝对相同，试考虑在什么情况下必须检验校正，或可以忽略不计。

(陈建平)

实验二　邻二氮菲分光光度法测定铁的含量

【实验目的】

(1) 掌握平行测定的原则和标准曲线法进行定量分析的方法。

(2) 进一步熟悉分光光度计的操作。

(3) 了解邻二氮菲分光光度法测定铁含量的原理和方法。

【实验原理】

知识拓展
13-2

Fe^{2+} 与邻二氮菲生成极稳定的橙红色配离子$[Fe(C_{12}H_8N_2)_3]^{2+}$，反应灵敏度高。生成的配合物在 508 nm 处的摩尔吸光系数为 11000；在 pH 2～9 范围内，配离子稳定，颜色长时间内不发生变化。

反应式：

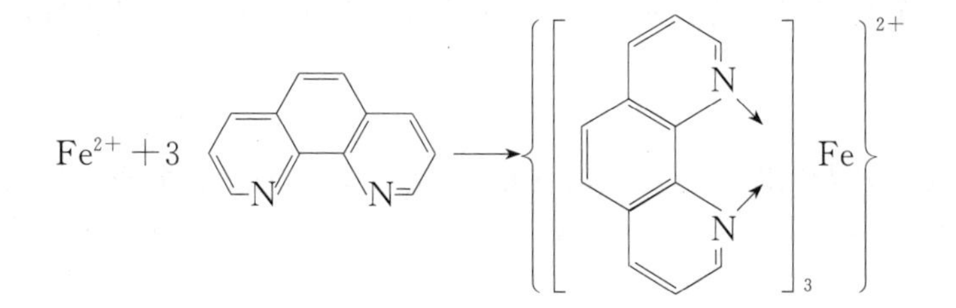

【仪器和试剂】

1. 仪器

紫外-可见分光光度计，吸量管(5 mL)，容量瓶(25 mL)，玻璃比色皿。

2. 试剂

标准铁溶液(约 50 μg/mL),0.15%邻二氮菲溶液(新配制),2%盐酸羟胺溶液(新配制),醋酸钠缓冲溶液(1 mol·L^{-1}),纯化水。

【实验内容】

1. 标准曲线的绘制

分别精密吸取标准铁溶液 0.00 mL、0.50 mL、1.00 mL、1.50 mL、2.00 mL、2.50 mL 于 25 mL 容量瓶中,依次加入醋酸钠缓冲溶液 3 mL,盐酸羟胺溶液 3 mL,邻二氮菲溶液 3 mL,用蒸馏水稀释至刻度线,摇匀,放置 10 min。以不加标准溶液的一份作为空白,用 1 cm 比色皿测定每份溶液的吸光度。测定前,先用中等浓度的一份,测定其在波长 490～520 nm 范围内的吸光度,选择最大吸收波长作为测定波长。以测得标准铁溶液的吸光度为纵坐标,浓度(或含铁量)为横坐标,绘制标准曲线,若线性好则用最小二乘法回归线性方程。

2. 水样测定

以自来水为样品,精密吸取自来水样 3 mL(或适量)置于 25 mL 容量瓶中,按上述制备标准曲线的方法配制待测溶液,在最大吸收波长处测定吸光度,然后通过标准曲线查找出待测样品的含铁量,或用线性方程求得水中的铁含量。

3. 实验数据记录及处理

实验数据记录及处理见表 13-3。

分光光度计型号__________波长__________

表 13-3　标准曲线的绘制

	标准溶液						未知液
容量瓶编号	1	2	3	4	5	6	7
吸取的体积/mL	0.00	0.50	1.00	1.50	2.00	2.50	3.00
吸光度 A							
总含铁量/(μg/mL)							

【注意事项】

知识链接 13-2

(1) 配制标准溶液和待测溶液的容量瓶应及时贴上标签,以防混淆。显色时,加入各种试剂的顺序不能颠倒。

(2) 测定系列标准溶液的吸光度时,应按浓度由稀到浓的顺序依次测定。比色皿装溶液时,要先用待测溶液润洗 3 次。

(3) 应及时记录测定溶液的吸光度,根据实验数据在坐标纸上绘制出标准曲线。

【思考题】

思考题答案

(1) 用邻二氮菲分光光度法测定铁的含量时,为什么在加显色剂前需加入盐酸羟胺?

(2) 标准曲线法的优缺点是什么?

(陈建平)

实验三　磺基水杨酸分光光度法测定铁的含量

【实验目的】

(1) 掌握磺基水杨酸分光光度法测定铁含量的原理和方法。

(2) 了解可见分光光度计的构造、原理和使用方法。

【实验原理】

根据朗伯-比尔定律，当一束具有一定波长的单色光通过一定厚度的有色溶液时，有色物质对光的吸收程度(用吸光度 A 表示)与有色物质的浓度成正比。这样，当波长、液层厚度一定时，从测得吸光度的高低，即可求得有色物质的相对含量。

在定量测定时，常用标准曲线法，即先配制一系列被测物的标准溶液，测得各标准溶液的吸光度，以吸光度为纵坐标，溶液含量为横坐标绘制标准曲线。再在同样条件下测出未知样品的吸光度，然后从标准曲线上查出被测物的含量。

对无色或颜色较浅的物质，应先加入显色剂显色后进行吸光度测定。本实验中，Fe^{3+} 的显色剂是磺基水杨酸。磺基水杨酸与 Fe^{3+} 形成的配合物组成因 pH 不同而不同。在 pH 为 5 的缓冲溶液中，Fe^{3+} 与磺基水杨酸生成稳定的 1∶2 橙红色配合物，其显色反应如下：

知识拓展

13-3

$$Fe^{3+} + 2\,\text{HO-}C_6H_3\text{(COOH)}SO_3^- \xrightarrow{pH=5} \left[Fe^{3+}\left(\text{O-}C_6H_3\text{(COO}^-\text{)}SO_3^-\right)_2\right]^- + 2H^+$$

在实验条件下，先在 400～550 nm 波长范围内，选择最大吸收波长 λ_{max} 为测定波长，然后在此波长下用标准曲线法测出未知样品中铁的含量。

【仪器和试剂】

1. 仪器

紫外-可见分光光度计，容量瓶(50 mL)，吸量管(2 mL、5 mL)。

2. 试剂

未知 Fe^{3+} 溶液(含铁约 0.1 mg/mL)，10%的磺基水杨酸溶液，HAc-NaAc 缓冲溶液(pH＝5)，Fe^{3+} 溶液(0.1 mg/mL)。

【实验内容】

知识链接

13-3

1. 标准溶液和待测溶液的配制

用吸量管分别精密量取 Fe^{3+} 标准溶液(0.1 mg/mL)0.00 mL、0.40 mL、0.60 mL、0.80 mL、1.00 mL、1.20 mL 和待测液 1.00 mL 于 25 mL 容量瓶中，再加入 10%磺基水杨酸溶液 2.00 mL，用 pH＝5 的 HAc-NaAc 缓冲溶液稀释至刻度，摇匀，即得。

2. 标准曲线的绘制

取上述中等浓度的一份标准溶液，在 400～550 nm 波长范围内，选择最大吸收波长 λ_{max} 为

测定波长。在选定的波长 λ_{max}下，用 1 cm 比色皿，以空白溶液为参比溶液，分别测定系列标准溶液的吸光度。以 Fe^{3+} 含量为横坐标，吸光度为纵坐标，绘制标准曲线，若线性好则用最小二乘法回归成线性方程。

3. 未知铁盐溶液中 Fe^{3+} 含量的测定

采用与测定标准曲线同样的条件和步骤，测定未知溶液的吸光度，再从标准曲线上查出对应的浓度，计算未知溶液中 Fe^{3+} 含量(mg/mL)，或用线性方程求得未知液中的铁含量。

$$\text{未知溶液 } Fe^{3+} \text{ 含量(mg/mL)} = \text{从标准曲线查得的含量} \times 25$$

思考题答案

【思考题】

(1) 实验中为什么要用 pH=5 的缓冲溶液配制？为什么不能用蒸馏水配制？

(2) 本实验测定吸光度的空白溶液是什么？可否用蒸馏水代替？为什么？

（陈建平）

实验四　紫外分光光度法测定苯甲酸的含量

【实验目的】

(1) 掌握紫外分光光度法测定苯甲酸的原理和方法，单组分定量分析法中的标准对比法。

(2) 熟悉紫外-可见分光光度计的使用方法。

(3) 了解紫外-可见分光光度计的性能和结构。

【实验原理】

紫外-可见吸收光谱主要产生于分子中价电子在电子能级间的跃迁，是研究物质电子光谱的分析方法。为了防止食品在储存、运输过程中发生腐蚀、变质，常在食品中添加少量防腐剂。苯甲酸及其钠盐、钾盐是食品卫生标准允许使用的主要防腐剂之一。在碱性条件下，苯甲酸能形成苯甲酸盐，对紫外光有选择性吸收，其最大吸收波长为 225 nm。可采用紫外-可见分光光度计测定物质在紫外光区的吸收光谱，并进行定量分析。

知识链接
13-4

【仪器与试剂】

1. 仪器

紫外-可见分光光度计，容量瓶(50 mL)，吸量管(5 mL、10 mL)。

2. 试剂

0.1 mol·L^{-1} NaOH 溶液，0.01 mol·L^{-1} NaOH 溶液，苯甲酸(AR)，含苯甲酸样品液(浓度为 40～60 μg/mL)。

【实验内容】

1. 苯甲酸标准储备液的制备

准确称取在 105 ℃干燥至恒重的苯甲酸 0.1000 g，用 0.1 mol·L^{-1} NaOH 溶液 100 mL 溶解后，再用蒸馏水稀释至 1000 mL。此溶液 1 mL 含 0.1 mg 苯甲酸。

2. 苯甲酸吸收光谱的绘制

精密吸取苯甲酸储备液 4.00 mL，放入 50 mL 容量瓶中，用 0.01 mol·L^{-1} NaOH 溶液

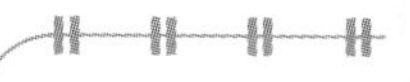

定容，摇匀。此溶液 1 mL 含 8 μg 苯甲酸。

测量条件如下。光源：氢灯。参比液：0.01 mol·L^{-1} NaOH 溶液。测量波长：210 nm、215 nm、218 nm、220 nm、222 nm、224 nm、225 nm、226 nm、228 nm、230 nm、235 nm、240 nm。

以波长为横坐标，吸光度为纵坐标，绘制苯甲酸的紫外-可见吸收光谱。

3. 标准对比法测定样品中苯甲酸的含量

取 10.00 mL 样品液，置于 50 mL 容量瓶中，用 0.01 mol·L^{-1} NaOH 溶液定容，摇匀。

在上述吸收光谱中找出最大吸收波长，以此作为定量分析的测定波长。以 0.01 mol·L^{-1}NaOH 溶液为参比，在完全相同的条件下测定标准苯甲酸溶液（1 mL 含 8 μg 苯甲酸）和样品液的吸光度。

4. 按下式计算样品液中苯甲酸的浓度

$$c_{样}=\frac{A_{样}}{A_{标}}\cdot c_{标}$$

【注意事项】

知识拓展

13-4

(1) 使用氢灯时，不要忘记开放大器稳压电源开关。
(2) 当外界电压波动较大时要用电子交流稳压器。
(3) 仪器使用前，要检查灯选择手柄是否在所需位置。
(4) 石英比色皿价格昂贵，操作时不要离开桌面，谨防打碎。

【思考题】

思考题答案

(1) 本实验采用石英比色皿而非玻璃比色皿，为什么？
(2) 苯甲酸的紫外-可见吸收光谱中主要有哪些吸收带？跃迁类型分别是什么？

（曹洪斌）

实验五　维生素 B_{12}注射液的吸收光谱绘制与含量测定

【实验目的】

(1) 掌握用紫外-可见分光光度计以对照法测定含量的方法。
(2) 掌握用紫外-可见分光光度计以吸光系数法测定含量的方法。
(3) 熟悉绘制吸收曲线的一般方法并能够根据吸收曲线找到最大吸收波长。

【实验原理】

知识拓展

13-5

采用紫外-可见分光光度计绘制维生素 B_{12} 溶液的吸收曲线。用相应的试剂作为空白溶液，测定不同波长下该溶液的吸光度，并以 A 对 λ 作图，即得吸收曲线。

对照法是先配制标准溶液和待测溶液，相同条件下，分别测得标准溶液和待测溶液的吸光度 A_s 和 A_x，用下式计算待测溶液的浓度：

$$c_x=\frac{A_x}{A_s}\times c_s$$

维生素 B_{12} 溶液在(278±1) nm、(361±1) nm 与(550±1) nm 三个波长处有最大吸收。361 nm 处的吸收峰干扰因素最少，《中国药典》(2015 版)规定以(361±1) nm 处的百分吸光系

数 $E_{1\,\text{cm}}^{1\%}(207)$ 为测定维生素 B_{12} 含量的依据。

$$c_x = A \times \frac{1}{207}(\text{g}/100\ \text{mL}) = A \times 48.31(\mu\text{g/mL})$$

【仪器与试剂】

1. 仪器

紫外-可见分光光度计，滤纸，石英比色皿。

2. 试剂

维生素 B_{12} 标准溶液（50 μg/mL），维生素 B_{12} 供试液。

【实验内容】

1. 吸收曲线绘制

将被测溶液与空白溶液分别盛装于 1 cm 比色皿中，置于仪器的比色皿架上。波长从 220 nm 或 700 nm 开始，每隔 20 nm 测量一次被测溶液的吸光度。在有吸收峰或吸收谷的波段，再以 5 nm（或更小）的间隔测定一些点。必要时重复一次。记录不同波长处的吸光度，以波长为横坐标，吸光度为纵坐标，将测得值逐点描绘在坐标纸上并连接起来，即得吸收曲线。

2. 定性鉴别

由于物质的性质和结构不同，物质对光的吸收具有选择性。维生素 B_{12} 的吸收曲线反映了其化学结构的基本特征，分别在 278 nm、361 nm 和 550 nm 波长处有三个吸收峰，因此可通过它的吸收光谱的特征，利用其特征吸收值之间的比值 A_{361}/A_{278} 和 A_{361}/A_{550} 进行定性鉴别，并了解维生素 B_{12} 的纯度，《中国药典》（2015 版）规定：A_{361}/A_{278} 和 A_{361}/A_{550} 的应分别在 1.70～1.88和 3.15～3.45 之间。

3. 吸光系数法

取维生素 B_{12} 供试品溶液，置于比色皿中，以蒸馏水作为空白，用紫外-可见分光光度计在 361 nm 波长处，测定其吸光度，计算维生素 B_{12} 供试品溶液浓度。

4. 对照法

知识链接 13-5

取维生素 B_{12} 对照品溶液和供试品溶液，分别置于 1 cm 比色皿中，用蒸馏水作为空白，用紫外-可见分光光度计在 361 nm 波长处分别测定对照品溶液吸光度（A_s）与供试品溶液的吸光度（A_x），计算维生素 B_{12} 供试品溶液浓度。

【注意事项】

（1）在开启吸收池试样室盖板或暂停测试时，光路闸门一定要关上，以保护光电管，避免受光过强或时间过长而使检测器疲劳和损坏。

（2）不能用手捏比色皿的透光面，比色皿盛放溶液前，应用待装溶液润洗。

（3）根据所用的入射光波长，选择钨灯或氘灯、玻璃材质或石英材质的比色皿。

【思考题】

思考题答案

（1）根据测定时所用光的波长，应选择何种光源？为什么？

（2）测定吸光度时为什么要采用石英吸收池？若采用玻璃吸收池，有何影响？

（3）用吸光系数法进行定量分析的优缺点是什么？

（陈建平）

实验六 双波长分光光度法测定磺胺甲噁唑片的含量

【实验目的】

(1) 掌握等吸收双波长消去法测定多组分含量的原理和方法。

(2) 熟悉用单波长分光光度计(单光束或双光束)进行双波长法测定的方法。

【实验原理】

等吸收双波长消去法可用于直接测定二元组分混合物中某一组分的含量。其原理:稀溶液总的吸光度等于溶液中各组分吸光度之和。当干扰组分在某两个波长处具有相同的吸光度,并且被测组分在这两个波长处吸光度差别显著时,直接测定混合物在两个波长处的吸光度,并计算其差值。此时干扰组分吸光度被抵消,剩下的被测组分吸光度差(ΔA)与被测组分浓度成正比,而与干扰组分无关,因此可根据此原理测定被测组分的量。

设被测组分为 a,干扰组分为 b,干扰组分在波长 λ_1 和 λ_2 处的吸光度相等,则有:

$$\begin{aligned}\Delta A^{a+b} &= A_1^{a+b} - A_2^{a+b} \\ &= A_1^a + A_1^b - A_2^a - A_2^b \\ &= c_a(E_1^a - E_2^a) \times l\end{aligned}$$

$$\Delta A^{a+b} = c_a(E_1^a - E_2^a) \times l = \Delta E^a \times c_a \times l$$

复方磺胺甲噁唑片中的主要成分为磺胺甲噁唑(SMZ)和甲氧苄啶(TMP)。每个药片中含 SMZ 为 0.4 g、TMP 为 0.08 g。图 13-1 为 SMZ 和 TMP 在 0.1 $mol \cdot L^{-1}$ NaOH 溶液中的紫外-可见吸收光谱图。从图中可以看出,SMZ 的吸收峰(257 nm)与 TMP 的吸收谷波长很接近,TMP 的吸收谱图上与 257 nm 处的吸光度相等的波长在 304 nm 左右,而且此处 SMZ 的吸光度很低。因此,可分别在 257 nm、304 nm 处测定复方磺胺甲噁唑溶液的吸光度,得到 ΔA,然后再用已知准确浓度的 SMZ 对照品溶液测定比例系数 ΔE^a,由 ΔA 和 ΔE^a 即可以计算出 SMZ 的含量。

同样原理,也可以采用等吸收双波长消去法测定 TMP,即可以 TMP 和 SMZ 谱图相交处的波长为 λ_1,然后找出 SMZ 上与 λ_1 处吸光度相等的波长 λ_2,分别在此两波长下测定溶液的吸光度,进而计算出 ΔA,测定 TMP 的含量。

知识拓展

13-6

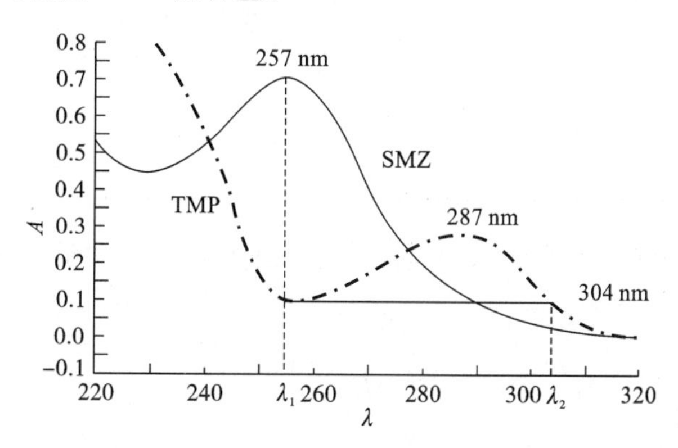

图 13-1 SMZ 和 TMP 吸收光谱图

【仪器与试剂】

1. 仪器

分析天平，紫外-可见分光光度计，石英比色皿(1 cm)，容量瓶(100 mL、1000 mL)，吸量管(2 mL)，研钵。

2. 试剂

SMZ 和 TMP 对照品，复方磺胺甲噁唑片，无水乙醇(AR)，NaOH 溶液($0.1\ mol\cdot L^{-1}$)。

【实验内容】

1. 对照品溶液的配制

精密称取 SMZ 对照品 50.0 mg，置于 100 mL 容量瓶中，加适量乙醇振摇溶解，定容，摇匀。准确量取 2.00 mL 上述溶液置于 100 mL 容量瓶中，用 NaOH 溶液($0.1mol\cdot L^{-1}$)稀释至刻度，摇匀。精密称取 TMP 对照品 10.0 mg，依同法配制。

2. 供试品溶液的配制

取复方磺胺甲噁唑片 10 片，精密称量，计算平均片重；研细，精密称取 0.062 g，溶解后转移至 1000 mL 容量瓶中，加适量乙醇振摇溶解，定容、摇匀、过滤。精密量取续滤液 2 mL 置于 100 mL 容量瓶，用 NaOH 溶液稀释至刻度。

3. 测定波长的选定和 ΔE 的测定

绘制 SMZ 的吸收光谱，找出 SMZ 的最大吸收波长(257 nm 附近)，以此为 λ_1。绘制 TMP 的吸收光谱，找出 λ_1 处对应的吸光度，然后在 304 nm 附近，寻找与其相等的吸光度所对应的波长，以此为 λ_2。

分别在 λ_1 和 λ_2 处测定 SMZ 对照品的吸光度，记录相应数据。将得到的数据代入相关公式计算 SMZ 在两波长处的 ΔE 值。

4. SMZ 含量的测定

分别在 λ_1 和 λ_2 处测定样品溶液的吸光度，记录相应数据，将得到的数据代入相关公式计算 SMZ 的含量和标示量百分含量。

5. 数据处理与结果

SMZ 测定数据及处理结果见表 13-4。

表 13-4　SMZ 含量的测定

A	SMZ				样品				c(g/片)
	1	2	3	$\overline{A}$	1	2	3	$\overline{A}$	
λ_1									
λ_2									

取 3 次测定平均值代入有关公式中计算供试品溶液中 SMZ 含量。供试品溶液中 SMZ 含量计算公式如下：

$$c=\frac{\Delta A}{\Delta E}\times 100\%$$

知识链接 13-6

【注意事项】

(1) 溶解样品时应适当振摇促使其溶解完全，配制供试品溶液时要过滤除去滑石粉等不溶物，以免影响测定。

(2) 取续滤液时，移液管应用续滤液润洗 3 次，确保配制浓度准确。
(3) 配制好的各种溶液要及时贴上标签，以免测定时出错。

思考题答案

【思考题】

试简述等吸收双波长分光光度法的原理。

（陈建平）

扫码看课件

PPT

第十四章　荧光分析法

实验一　荧光法测定维生素 B_2 的含量

【实验目的】

(1) 掌握标准曲线法定量分析维生素 B_2 的基本原理。

(2) 了解荧光分光光度计的基本原理、结构及性能，掌握其基本操作。

【实验原理】

由于各种不同的荧光物质有它们各自特定的荧光发射波长，可用它来鉴定荧光物质。有些荧光物质其荧光强度与物质的浓度成正比，故可用荧光分光光度法测定其含量。

知识链接

14-1

维生素 B_2(图 14-1)溶液在 430～440 nm 蓝光的照射下，发出绿色荧光，荧光峰在 525 nm 左右。维生素 B_2 在 pH 6～7 的溶液中荧光强度最大，而且其荧光强度与维生素 B_2 溶液浓度呈线性关系，因此，可以用荧光光谱法测定维生素 B_2 的含量。维生素 B_2 在碱性溶液中经光线照射会发生分解而转化为另一物质——光黄素，光黄素也是一个能发荧光的物质，其荧光比维生素 B_2 的荧光强得多，故测定维生素 B_2 的荧光时，溶液要控制在酸性范围内，且在避光条件下进行。

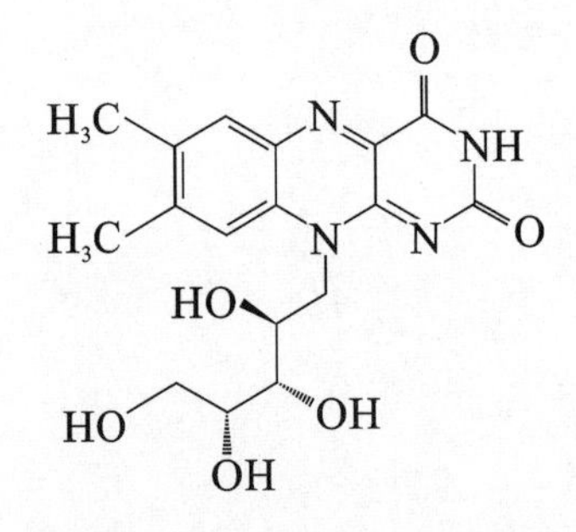

图 14-1　维生素 B_2 的结构简式

在稀溶液中，荧光强度 F 与物质的浓度 c 有以下关系：

$$F=2.303\Phi I_0\varepsilon bc$$

式中，F 为荧光强度；I_0 为入射光的光强；Φ 为荧光量子产率；ε 为摩尔吸光系数；b 为样品溶液的光程(即样品池的厚度)；c 为样品的物质的量浓度。

当实验条件一定时，荧光强度与荧光物质的浓度呈线性关系：

$$F=Kc$$

【仪器和试剂】

1. 仪器

荧光分光光度计，pH 计，电子天平，1 cm 荧光专用石英比色皿，容量瓶(50 mL、100 mL)。

NOTE

荧光分光光度计的图片

2. 试剂

维生素 B_2 标准溶液(10.0 μg/mL),醋酸、盐酸、硼酸、磷酸、氢氧化钠,商品化维生素 B_2 片剂以及复合维生素片剂。

【实验内容】

1. 维生素 B_2 标准储备液(10 μg/mL)的配制

将维生素 B_2 标准品置于真空干燥箱或装有五氧化二磷的干燥器中干燥处理 24 h 后,准确称取 10 mg 维生素 B_2 标准品,2 mL 1%的醋酸溶液或盐酸(1∶1)超声溶解后,定量转移至 1000 mL 容量瓶中,并定容至刻度,混匀,转移至棕色玻璃容器中,储存于 4 ℃冰箱中。

2. 系列标准溶液和待测溶液的配制

取维生素 B_2 标准储备液(10.0 μg/mL)0.00 mL、1.00 mL、2.00 mL、3.00 mL、4.00 mL 和 5.00 mL 分别置于 50 mL 的棕色容量瓶中,定容,摇匀。

3. 激发光谱和荧光发射光谱的绘制

取标准溶液(1.0 μg/mL),设置 λ_{Em}=525 nm 为发射波长,在 250～400 nm 范围内扫描,记录发射波长强度和激发波长的关系曲线,得到激发光谱,记录最大激发波长。

设置 λ_{Ex}为最大激发波长即 450 nm,在 460～700 nm 范围内扫描,记录发射强度与发射波长之间的函数关系,得到荧光发射光谱,从荧光发射光谱上找出其最强的荧光强度,相对应的波长即为最佳发射波长 λ_{Em}。

4. 不同 pH 对维生素 B_2 荧光的影响

配制不同 pH 的缓冲溶液,取等量的维生素 B_2 加入不同 pH 的缓冲溶液中,在 λ_{Ex}=450 nm,λ_{Em}=525 nm 处测定不同 pH 对维生素 B_2 荧光的影响,绘制曲线图。

5. 标准溶液及样品的荧光测定

将激发波长固定在 450 nm,荧光发射波长为 525 nm,测量上述系列标准溶液的荧光发射强度,按浓度从低到高测定。

6. 样品的处理

将 5～6 片样品研磨,避光条件下,称取相当于含维生素 B_2一片的粉末质量。将其溶解于 50 mL 1%醋酸溶液中,超声 5～10 min,使其溶解,以 500 r/min 的速度离心 10 min,弃沉淀,用 1%的醋酸溶液定容至 100 mL 容量瓶,避光备用。

取以上溶液,稀释 100 倍,在同样条件下测定未知溶液的荧光强度,并由标准曲线确定未知试样中维生素 B_2 的浓度。

7. 数据处理

激发波长 λ_{Ex}=450 nm　荧光发射波长 λ_{Em}=525 nm

标准溶液及待测溶液的浓度和荧光强度记录(表 14-1)。

表 14-1　荧光法测定维生素 B_2的含量

维生素 B_2 溶液浓度/(μg/mL)	0.2	0.4	0.6	0.8	1.0	待测溶液
相对荧光强度						

以荧光强度为纵坐标,以浓度为横坐标绘制标准曲线,求出回归方程,用标准曲线或者回

归方程根据待测溶液的荧光强度，即可求得待测溶液的浓度。

【注意事项】

(1) 石英比色皿四面透光，拿的时候不能接触到四个透光面，只能拿上下角部，擦外壁残留液时由于擦镜纸不吸水，故可先用吸水纸巾擦干，再用擦镜纸擦。

(2) 配制好的溶液应尽快测量，避免久置成分变化而影响结果。

(3) 干扰荧光分光光度法的因素：①溶剂：同一荧光物质在不同的溶剂中可能表现出不同的荧光性质。溶剂的极性增强，对激发态会产生更大的稳定作用，结果使物质的荧光波长红移，荧光强度增大。②温度：升高温度会使非辐射跃迁概率增大，荧光效率降低。③pH：大多数含有酸性或碱性取代基团的芳香族化合物的荧光性质受 pH 的影响很大。④溶液表面活性剂的存在，减少了非辐射跃迁的概率，提高了荧光效率。⑤溶液中溶解氧的存在，由于氧分子的顺磁性质，使激发单重态分子向三重态的体系间突跃速率增大，因而会使荧光效率降低。

思考题答案

【思考题】

(1) 试解释荧光分光光度法较吸光光度法灵敏度高的原因。

(2) 维生素 B_2 在 pH＝6～7 时荧光最强，本实验为何在酸性溶液中测定？

（王浩江）

实验二　荧光分光光度法测定水果中维生素 C 的含量

【实验目的】

(1) 掌握荧光分光光度法测定维生素 C 的原理及方法。

(2) 熟悉荧光分光光度计的操作方法。

(3) 了解维生素 C 的基本性质。

知识拓展 14-2

【实验原理】

维生素 C，又称抗坏血酸，是白色结晶或结晶性粉末；易溶于水，在乙醇中略溶，在三氯甲烷或乙醚中不溶。

抗坏血酸被活性炭氧化成脱氢抗坏血酸，继续与邻苯二胺反应，则可生成具有荧光性质的喹喔啉，其激发波长为 350 nm，发射波长为 433 nm，其荧光强度与抗坏血酸浓度呈线性关系。若硼酸与脱氢抗坏血酸先反应形成复合物，则不能与邻苯二胺反应生成喹喔啉。因此，使用硼酸作为试剂空白，即可排除干扰物质的影响。

知识链接 14-2

【仪器与试剂】

1. 仪器

捣碎机，离心机，荧光分光光度计，荧光比色池，容量瓶(50 mL、100 mL)，锥形瓶，吸量管，比色管，电子天平。

2. 试剂

百里酚蓝指示剂，醋酸钠溶液，硼酸-醋酸钠溶液，偏磷酸-醋酸溶液，偏磷酸-醋酸-硫酸溶液，邻苯二胺溶液，活性炭，脐橙。

【实验内容】

1. 系列标准溶液配制

(1) 称取 50 mg 抗坏血酸溶于 50 mL 偏磷酸-醋酸溶液中，吸取上述溶液 5 mL，再用偏磷酸-醋酸溶液定容至 50 mL，配制 0.1 mg/mL 的抗坏血酸标准溶液。将上述溶液倒入锥形瓶中，加入 1～2 g 活性炭，充分摇匀并过滤。

(2) 向两个 50 mL 容量瓶中分别加入 1.00 mL 刚处理过的溶液，20 mL 醋酸钠溶液或硼酸-乙酸钠溶液，定容至刻度，作为标准溶液和空白溶液。

(3) 编号 1～5 号的比色管，在避光条件下，分别加入 2.00 mL 空白溶液和 0.50 mL、1.00 mL、1.50 mL、2.00 mL 标准溶液，再加入 5 mL 邻苯二胺溶液，并定容至 8 mL，振摇混合，室温下反应 35 min。

2. 样品溶液配制

(1) 称取均匀水果样品 10 g，加入 20 mL 偏磷酸-醋酸溶液，捣碎匀浆。取少量匀浆液，加入 1 滴百里酚蓝，若呈红色，则用偏磷酸-醋酸溶液稀释，定容至 100 mL；若呈黄色，则用偏磷酸-醋酸-硫酸溶液稀释，定容至 100 mL。过滤后的滤液全部倒入锥形瓶中，加入 1～2 g 活性炭，充分摇匀并过滤，即为样品溶液。

(2) 向两个 50 mL 容量瓶中分别加入 5.00 mL 刚处理过的溶液，20 mL 醋酸钠溶液或硼酸-醋酸钠溶液，定容至刻度，作为样品溶液和样品空白溶液。

(3) 编号 6～7 号的比色管，在避光条件下，分别加入 2.00 mL 样品空白溶液、2.00 mL 样品溶液，后续操作与系列标准溶液的配制相同。

3. 测定

(1) 测定 1 号荧光强度(F_1)和 2～5 号荧光强度(F_S)，并以 F_S-F_1 为纵坐标，以标准溶液浓度为横坐标，用 Excel 绘制标准曲线。

(2) 测定 6 号荧光强度(F_6)和 7 号荧光强度(F_X)，将 F_X-F_6 代入标准曲线线性方程，乘以稀释倍数，求出样品中维生素 C 的含量。

【注意事项】

(1) 测定标准溶液时，浓度应从稀到浓，以减小测量误差。

(2) 所配制的溶液使用不能超过一周，并于 4 ℃冰箱中保存。

【思考题】

(1) 实验过程中加入硼酸的作用是什么？

(2) 荧光定量分析方法的依据是什么？

思考题答案

(岑 瑶)

扫码看课件

PPT

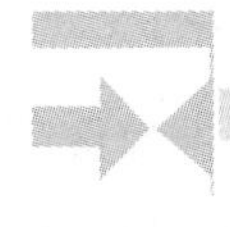

第十五章　原子吸收分光光度法

实验一　原子吸收分光光度法测定自来水中的钙和镁

【实验目的】

(1) 掌握原子吸收分光光度法的基本原理。

(2) 熟悉原子吸收分光光度法测定钙镁含量的方法，工作曲线法和标准加入法的原理及计算。

(3) 了解原子分光光度计的主要结构、工作原理及仪器操作。

知识链接

15-1

【实验原理】

原子吸收分光光度法是基于待测元素原子蒸气中的基态原子对该元素特征电磁辐射的吸收来测定试样中该元素含量的方法。原子吸收符合 Lambert-Beer 定律。原子吸收值与原子浓度的关系式为

$$A=-\lg\frac{I_v}{I_0}=0.434K_vL=KLN$$

式中，K_v 为吸收系数；I_0 为入射光强度；I_v 为透过光强度；L 为原子蒸气厚度。

当原子化火焰温度低于 3000 K 时，大部分的原子蒸气中基态原子数接近于被测原子总原子数 N。吸光度(A)与待测元素原子数(N)及蒸气厚度(L)相关。在固定调节测定的实验过程中，蒸气宽度一致，吸光度(A)与溶液中待测离子浓度 c 成正比。

$$A=KLN=K'c$$

根据以上关系，在一定条件下测定简单试样时，可采用工作曲线法、标准加入法等进行定量分析。

(1) 工作曲线法：配置一系列不同浓度的标准溶液，在测定条件下分别测定其吸光度，绘制以浓度为横坐标，相应吸光度为纵坐标的 A-c 工作曲线。如图 15-1(a)所示，在相同条件下测定待测试样吸光度，从工作曲线上求出试样中被测元素的浓度。

(2) 标准加入法：如图 15-1(b)所示，取多份同体积待测试样(浓度为 c_x)，留一份空白对照外其余按比例加入待测元素的标准溶液(浓度为 c_0)，使溶液浓度分别为 c_x、c_x+c_0、c_x+2c_0…c_x+nc_0。在测定条件下分别测定其吸光度 A_0、A_1、A_2…A_n，以浓度与吸光度作图，延长直线与横轴相交于 c_x，其数值即为试样中被测元素的浓度。

本实验通过原子吸收法测定自来水中钙、镁离子的含量。以工作曲线法定量分析镁离子的含量，以标准加入法定量分析钙离子的含量。由于自来水中含有铝、硫酸盐等化学干扰因素，测定时加入氯化镧等金属盐可减少干扰因素对结果的影响。

NOTE

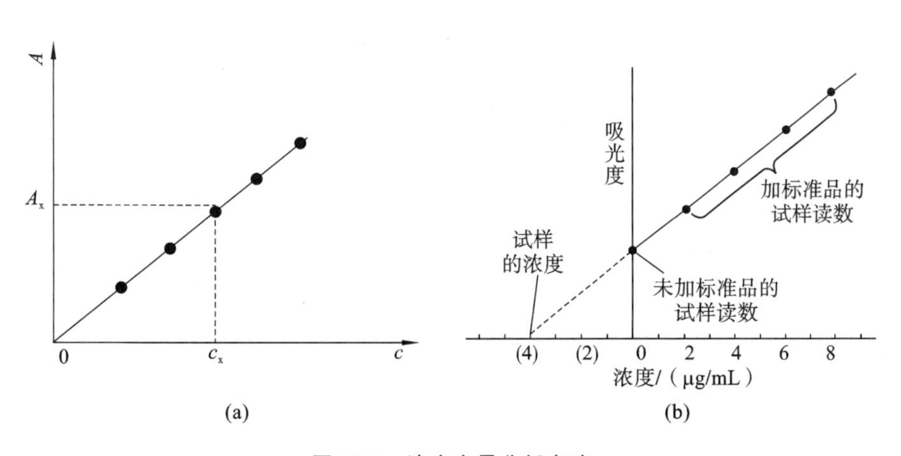

图 15-1 浓度定量分析方法

注:(a)工作曲线法;(b)标准加入法。

【仪器和试剂】

1. 仪器

原子吸收分光光度计(配乙炔-空气燃烧器),乙炔钢瓶,钙、镁元素空心阴极灯,容量瓶(50 mL、500 mL),移液管(1 mL、2 mL、5 mL),烧杯(50 mL、100 mL)。

2. 试剂

自来水样品,去离子水,氧化镁(AR),无水碳酸钙(AR),氯化镧(光谱级),盐酸(1 mol·L^{-1})。

【实验内容】

1. 溶液的配制

(1) 1000 μg/mL 钙标准储备溶液:精密称取在 110 ℃下干燥至恒重的无水碳酸钙1.2500 g 于 50 mL 烧杯中,加少量水润湿,加入盐酸至完全溶解,移至 500 mL 容量瓶中,以去离子水稀释至刻度,摇匀备用。

(2) 1000 μg/mL 镁标准储备溶液:精密称取在 800 ℃灼烧至恒重的氯化镁 0.8292 g 于 50 mL 烧杯中,加少量水润湿,加入盐酸至完全溶解,移至 500 mL 容量瓶中,以去离子水稀释至刻度,摇匀备用。

(3) 10 mg/mL 氯化镧溶液:称取 1.77 g 氯化镧于烧杯中,用 100 mL 去离子水溶解于小烧杯中。

2. 仪器工作条件选择

喷入同一浓度镁或钙标准储备溶液,单改变乙炔流量,确定最佳流量;单改变燃烧器高度,确定最佳燃烧器高度(吸光度大,仪器稳定性好)。参考工作条件:空心阴极灯工作电流为 5 mA,分析线波长为 422.7 nm,燃烧器高度为 9 mm,狭缝宽度为 0.5 mm。

3. 工作曲线法测定镁的含量

(1) 配制系列标准镁溶液:精密吸取 1.0 mL、2.0 mL、3.0 mL、4.0 mL 和 5.0 mL 的 1000 μg/mL 镁标准储备溶液,分别加入标有 2～6 号的 50 mL 容量瓶中,1 号容量瓶不加镁溶液。各容量瓶中加入 5 mL 氯化镧溶液,以去离子水稀释至刻度,摇匀。

(2) 在选定的仪器条件下,以去离子水为参比调零,测定各试样相应吸光度,并绘制 A-c 工作曲线。

(3) 精密吸取 5 mL 自来水水样于 50 mL 容量瓶中,加入 5 mL 氯化镧溶液,以去离子水

稀释至刻度，摇匀，测定吸光度，并在工作曲线上查出水样中镁的含量。如果测得值小于标准溶液最小浓度，增大自来水取样量至 10.0 mL 或 20.0 mL；如果测得值大于标准溶液最大浓度，增加稀释倍数。

4. 标准加入法测钙含量

(1) 精密吸取 2.0 mL 的 1000 μg/mL 钙标准储备溶液于 50 mL 容量瓶中，取 25 mL 自来水于另一个 50 mL 容量瓶中，分别在两容量瓶中加 5 mL 氯化镧溶液，以去离子水定容。以比例法大致估计水中钙含量 c_x。

(2) 取 5 个 50 mL 容量瓶，各加入 5 mL 自来水水样，1 号容量瓶不加钙标准储备溶液，2～5 号分别加入 V_1、$2V_1$、$3V_1$、$4V_1$ 的 1000 μg/mL 钙标准储备溶液，各容量瓶中加入 5 mL 氯化镧溶液，以去离子水稀释至刻度，摇匀。测定各试样相应吸光度，并绘制 A-c 曲线。

(3) 反向延长吸收曲线，使交于横轴，交点数值为 c_x。

知识拓展
15-1

【注意事项】

(1) 仪器使用前需预热 10～30 min，实验过程中注意原子吸收分光光度计使用注意事项。

(2) 使用乙炔气体时注意流量与压力情况，严格按操作步骤进行，先通空气，后通乙炔。

(3) 水中钙镁含量较低，测定过程中应防止污染、挥发和吸收损失。

(4) 为保证结果的准确性，试样中的钙镁含量需提前预测定，选择适宜的稀释体积及取样体积，尽量使自来水中镁含量值在工作曲线中部，钙含量 c_x 与 c_0 相近。

思考题答案

【思考题】

(1) 原子吸收分光光度法测定不同元素时如何选择光源？

(2) 工作曲线法与标准加入法在定量分析时有何优缺点？

(3) 在试样中加入氯化镧的作用是什么？

（牛　琳）

实验二　石墨炉原子化法测定药用明胶空心胶囊中的微量铬

【实验目的】

(1) 掌握原子吸收分光光度法的基本原理。

(2) 熟悉工作曲线法测定铬的原理及方法。

(3) 了解原子分光光度计的主要结构、工作原理及注意事项。

知识链接
15-2

【实验原理】

药用明胶是动物胶原蛋白水解后提取获得的生物制品。药用明胶作为空心胶囊的主要原料，凭借其特有的溶胶及凝胶物理性能制成性状、大小、硬度不同的各类空心胶囊，广泛应用于多种药品，如鱼肝油、感冒胶囊。药用辅料的质量是药品安全性的重要部分，然而个别企业为追求利益，生产过程不规范，导致药用空心胶囊中的铬超标。过量的铬对人体毒性较大，容易蓄积中毒，对 DNA 造成损伤，甚至引起癌症。《中国药典》(2015 版)对明胶空心胶囊中铬的含量规定不得超过 2 mg/kg。

NOTE

石墨炉原子化法利用电能加热盛放试样的石墨容器，使被测元素原子化。本实验将利用微波消解法对药用空心胶囊样品进行消解，以石墨炉原子吸收分光光度法检测其中铬元素的含量。

【仪器与试剂】

1. 仪器

原子吸收分光光度计（石墨炉原子化器），微波消解仪，铬元素空心阴极灯，容量瓶（10 mL、50 mL、100 mL），移液管（1 mL、2 mL、5 mL、10 mL）。

2. 试剂

药用明胶空心胶囊，去离子水，铬标准溶液（1000 μg/mL），硝酸（优级纯）。

【实验内容】

1. 溶液的配制

精密称取空心胶囊样品 0.5 g，置于四氟乙烯消解罐内，加 5～10 mL 硝酸，混匀，浸泡过夜，装于微波消解仪中进行消解。消解条件如下：①压力 5 kg/cm^2 保持 100 s；②压力 20 kg/cm^2 保持 600 s。消解完成后，取下内罐于电热板上缓缓加热至红棕色蒸气散尽并近干。用 2%硝酸转移，并定容于 50 mL 容量瓶中，摇匀备用。同法制备空白溶液。

精密吸取 1 mL 铬标准溶液（1000 μg/mL）至 10 mL 容量瓶中，用 2%硝酸定容、摇匀。从该容量瓶中精密吸取 1 mL 铬溶液至 100 mL 容量瓶中，用 2%硝酸定容，摇匀，配制成 1 μg/mL铬标准溶液。

临用时分别精密吸取 0 mL、2 mL、4 mL、6 mL 和 8 mL 铬标准溶液至 100 mL 容量瓶中，用 2%硝酸定容，摇匀，配制成系列铬标准溶液。

2. 原子吸收分光光度计条件

以铬空心阴极灯为光源，在 357.9 nm 波长处测定，灯电流为 10 mA，狭缝宽为 0.5 nm。原子化器为石墨炉原子化器，氘灯背景校正系统，保护气为氩气。加热升温程序如表 15-1 所示。

表 15-1　石墨炉加热升温程序

步骤	温度/℃	时间/s	气体流量/(L/min)
干燥	120	30	0.2
灰化	1300	20	0.2
原子化	2500	3	关闭
高温净化	2600	3	0.2

3. 工作曲线及含量测定

知识拓展
15-2

用石墨炉原子吸收法测定上述系列铬标准溶液，以浓度（c）为横坐标、吸光度（A）为纵坐标绘制 A-c 工作曲线。检查含有明胶空心胶囊的试样溶液，将吸光度标于工作曲线上，查出对应浓度 c_x，求出胶囊中铬含量。平行测定 3 次。

【注意事项】

(1) 仪器使用前需预热 10～30 min，实验过程中注意原子吸收分光光度计使用的注意事项。

(2) 硝酸选择优级纯，以降低测试本底值，减少对测试结果的干扰。

(3) 微波消解器不得用铬酸液清洗,避免干扰。

(4) 实验过程中及时检查水路、气路,确保气路、水封无泄露。

思考题答案

【思考题】

(1) 火焰原子化器和石墨炉原子化器的组成有何不同?分别有何优点?

(2) 石墨炉各升温步骤的功能是什么?

(牛　琳)

实验三　电感耦合等离子体发射光谱法测定毛发中铅元素含量

【实验目的】

(1) 掌握电感耦合等离子体发射光谱法的基本原理、结构特点及适应性。

(2) 熟悉 ICP 软件使用和仪器的基本维护。

(3) 了解样品的前处理方法。

【实验原理】

电感耦合等离子发射光谱(ICP-AES)分析是将试样在等离子体光源中激发,使待测元素发射出特征波长的辐射,经过分光,测量其强度而进行定量分析的方法。ICP 光电直读光谱仪是用 ICP 作光源,光电检测器(光电倍增管、光电二极管阵列、硅靶光导摄像管、折射管等)进行检测,并配备计算机自动控制和数据处理。它具有分析速度快,灵敏度高,稳定性好,线性范围广,基体干扰小,可多元素同时分析等优点。

用 ICP 光电直读光谱仪测定人发中的微量元素,可先将头发样品用浓 HNO_3 硝化处理,这种湿法处理样品,Pb 损失少。待测样品经处理制成溶液后,经雾化器变成全溶胶由底部导入管内,经轴心的石英管从喷嘴喷入等离子体炬内。样品气溶胶进入等离子体焰时,绝大部分立即分解成激发态的原子、离子状态。当这些激发态的粒子回到稳定的基态时要放出一定的能量(表现为一定波长的光谱),测定每种元素特有的谱线和强度,和标准溶液相比,就可以知道样品中所含元素的种类和含量,上机测试短时间就可得出结果。

ICP 的图片

【仪器和试剂】

1. 仪器

电感耦合等离子体发射光谱仪,微波消解仪。

2. 试剂

头发(血液),滤膜,铅标准液,去离子水,硝酸。

【实验内容】

1. 溶液的配制

精密称取发样约 0.1 g,置于 50 mL 圆底烧瓶中。加入洗洁精溶液 20 mL,微热数分钟并振荡。用倾斜法倒出洗洁精溶液,并用自来水清洗干净,再用蒸馏水洗三次。将头发剪成 1～2 cm 的小段,自然风干后储存于广口瓶中备用。

将发样置于四氟乙烯消解罐内,加 5～10 mL 硝酸,混匀,浸泡,装于微波消解仪中进行消解(消解温度为 150 ℃,升温时间 15 min,消解及赶酸时间 20 min),反应至试样完全溶解。用 0.5%硝酸冲洗管子,转移并定容于 10 mL 容量瓶中,得到黄色澄清溶液,摇匀备用。同法制备空白溶液。

精密吸取 1 mL 铅标准溶液(1000 μg/mL)至 10 mL 容量瓶中,用 0.5%硝酸定容,摇匀。从该容量瓶中精密吸取 1 mL 铅溶液至 100 mL 容量瓶中,用 0.5%硝酸定容,摇匀,配制成 1 μg/mL 铬标准溶液。用 0.5%硝酸逐级稀释,配制成 0.02 μg/mL,0.05 μg/mL,0.10 μg/mL,0.15 μg/mL,0.20 μg/mL 系列标准溶液。

2. ICP 的条件设置

打开真空泵,待到真空度达到仪器标准,打开冷却水,循环正常,点火,根据仪器的性质调整最佳实验条件,分析线:Pb 220.353 nm,216.999 nm,保护气为氩气。ICP 功率:1250 W。冷却气流量:10 L/min。辅助气流量:0.5 L/min。载气压力:220 kPa。

3. 用 ICP 测定上述系列铅标准溶液

用 ICP 测定上述系列铅标准溶液,以浓度(c)为横坐标、吸光度(A)为纵坐标绘制 A-c 工作曲线。检查含有头发的试样溶液,将吸光度标于工作曲线上,查出对应浓度 c_x,求出头发中铅的含量。平行测定 3 次。

【注意事项】

(1) 溶样过程中硝酸与有机物反应剧烈,因此,刚开始反应时加热需十分缓慢,切勿暴沸溅出。

(2) 如果最后所得消解液混浊,应过滤至容量瓶中,然后定容。

知识链接
15-3

【思考题】

(1) 人发样品为何通常用湿法处理?若用干法处理,会有什么问题?

(2) 通过实验,ICP-AES 分析法有哪些优点?

思考题答案

(王浩江)

扫码看课件PPT

第十六章　红外光谱法

实验一　傅里叶变换红外光谱仪的性能检查

【实验目的】

（1）掌握红外分光光度计的工作原理及操作方法。

（2）熟悉红外分光光度计的性能指标及检查方法。

（3）了解傅里叶变换红外光谱仪的结构及使用。

【实验原理】

分辨率、波数的准确度与重复性为红外光谱仪的主要性能指标。

红外光谱仪的分辨率是指在某波数处恰能分开两个吸收峰的相对波数差（$\Delta\sigma/\sigma$）。通常用某一样品在某一波数区间所能分辨出的峰数或一定波数处相邻峰的分离深度表示。《中国药典》（2015 版）规定：用聚苯乙烯薄膜校正时，仪器的分辨率要求在 3110～2850 cm^{-1}范围内应能清晰地分辨出 7 个峰，峰 2851 cm^{-1}与谷 2870 cm^{-1}之间的分辨深度不小于 18%透光率，峰 1583 cm^{-1}与谷 1589 cm^{-1}之间的分辨深度不小于 12% 透光率。仪器的标称分辨率，除另有规定外，应不低于 2 cm^{-1}。

波数准确度是指仪器对某一吸收峰的测得波数与真实波数的误差。波数准确度关系到测得光谱峰位的正确性，直接影响光谱解析。而波数重复性是指多次重复测量同一样品的同一吸收峰波数的最大值与最小值之差。《中国药典》（2015 版）要求用聚苯乙烯薄膜（厚度约为 0.04 mm）校正仪器，绘制其光谱图，用 3027 cm^{-1}、2851 cm^{-1}、1601 cm^{-1}、1028 cm^{-1}、907 cm^{-1}处的吸收峰对仪器的波数进行校正。傅里叶变换红外光谱仪在 3000 cm^{-1}附近的波数误差应不大于±5 cm^{-1}，在 1000 cm^{-1}附近的波数误差应不大于±1 cm^{-1}。

FT-IR 工作原理示意图

聚苯乙烯薄膜的红外吸收光谱图

【仪器和试剂】

1. 仪器

傅里叶变换红外光谱仪（FT-IR）。

2. 试剂

聚苯乙烯薄膜。

【实验内容】(以布鲁克 TENSOR27 型红外分光光度计为例)

(1) 开启电脑,运行 OPUS 操作软件,点击“Measurement”下拉菜单下的“Advanced”页面,建立文件名和保存路径,设定分辨率(Resolution),扫描次数(Scan time)、光谱测试范围(Save data form)和谱图显示形式(Result spectrum)等测试条件,若没有特殊要求,可采用默认值。

(2) 点击“Measurement”下拉菜单下的“Basic”按钮,进入测试页面。在样品室中放入空白 KBr 薄片,关好仓门。点击“Collect Background”按钮即可采集背景谱。数据采集结束后,显示“No Active Task”。

(3) 背景采集完成后,取出 KBr 薄片,在样品室中放入样品薄片,关好仓门。在测试对话窗口中输入样品名(Sample Name)、样品形态(Sample Form),点击“Collect Sample(采样)”按钮,测试对话窗口即消失,并进入谱图窗口(Display Window)。测量结束后,谱图会显示在谱图窗口。

(4) 谱图处理。在谱图处理窗口中,可进行基线校正、标峰、透光率与吸光度的转化,谱图平滑等操作,可根据实验需要在软件界面上点选相应的功能键完成。

(5) 谱图保存,输出或打印。

(6) 退出软件,关闭电脑。

(7) 分辨率和波数准确度检查。

知识链接 16-1

【注意事项】

(1) 勿用手触摸聚苯乙烯薄膜,以免影响透光率。

(2) 检查仪器分辨率高于 1 cm^{-1} 时,应采用一氧化碳气体。

思考题答案

【思考题】

(1) 为什么红外光谱实验室的温度和相对湿度要维持在一定的范围?

(2) 试解析聚苯乙烯的主要吸收峰归属。

布鲁克 TENSOR27 型分光光度计

(魏芳弟)

实验二 阿司匹林红外光谱的测定

【实验目的】

(1) 掌握通过红外谱图解析及标准谱图的检索比对,进行药物鉴别的一般过程。

(2) 熟悉溴化钾压片法制作固体试样的方法。

【实验原理】

红外吸收光谱是由于分子的振动-转动能级跃迁产生的光谱，化合物中每个基团都有几种振动形式，在中红外区产生相应吸收峰，因而特征性强。除了极个别化合物外，每个化合物都有其特征红外光谱，是有机化合物定性鉴别的有力手段。《中国药典》自 1977 年版开始，规定了一些药物需用红外光谱法来鉴别。本实验用溴化钾晶体稀释阿司匹林试样，研磨均匀后，压制成晶片，以纯溴化钾晶片作参比，记录阿司匹林的红外吸收光谱，然后进行光谱解析，查对 Sadtler 标准红外光谱图进行核对，若两张谱图一致，则可认为该试样为阿司匹林。

知识拓展
16-2

【仪器与试剂】

1. 仪器

傅里叶变换红外光谱仪(FT-IR)。

2. 试剂

阿司匹林(药用)，溴化钾(光谱纯)，95%乙醇(分析纯)。

【实验内容】

1. 压片法制备样品

称取干燥的阿司匹林试样约 1 mg，置于洁净干燥的玛瑙研钵中，加入在 110 ℃下干燥 48 h 以上并保存在干燥器内的溴化钾粉末约 200 mg，研磨成均匀、细小的颗粒。将研磨好的物料转移到模膛内底膜面上，并用小扁勺将混合物铺平，中心稍高，小心放入顶膜，将样品压平，并轻轻转动几下，使粉末分布均匀，装好模具，置于油压机上，加压至 25～30 MPa，维持约 1 min。取出模具，即得一均匀透明的晶片(厚度为 0.5～1 mm)。

2. 阿司匹林红外光谱测试

从模具中小心取出晶片，将此晶片装于样品架上，用夹具夹好，置于分光光度计的样品池处，从 400～4000 cm^{-1}扫描样品，绘制其红外光谱图。在测定样品之前，需压一空白 KBr 晶片作为背景，采集背景吸收。

3. 数据处理

(1) 在试样的红外吸收光谱图上，标出各吸收峰的波数，并确定其归属。

(2) 将阿司匹林试样光谱图与其 Sadtler 标准红外光谱图进行对比，若两张谱图上的各种特征吸收峰及其吸收强度一致，则可认为该试样是阿司匹林。

知识链接
16-2

【注意事项】

(1) 制得的晶片必须无裂痕，局部无发白现象，如同玻璃般透明，否则应重新制作。晶片局部发白，表示晶片厚薄不均；晶片模糊，表示吸潮。

(2) 溴化钾极易受潮，样品研磨应在低湿度环境中或在红外灯下进行。

(3) 制样过程中，加压抽气时间不宜太长；空气要缓缓除去，以免晶片破裂。

(4) 样品要干燥，不应含有水分，水也在红外区产生吸收，会干扰样品谱图。

(5) 实验结束后，用乙醇将玛瑙研钵、模具、样品架等洗净，红外灯下烘干后，存放于干燥器中。

(6) 在解释红外吸收光谱时，一般从高波数到低波数，但不必对谱图的每一个吸收峰都进行解释，只需指出各基团的特征吸收即可。

红外光谱压片法模具和压片机

【思考题】

(1) 红外光谱定性分析的基本依据是什么？简要叙述红外定性分析的过程。
(2) 测定红外吸收光谱时对样品有何要求？

思考题答案

(魏芳弟)

实验三　红外分光光度法测定苯甲酸和苯甲醇的结构

【实验目的】

(1) 掌握红外吸收光谱进行定性鉴别和结构分析。
(2) 熟悉固体样品和液体样品的测定。
(3) 了解傅里叶变换红外光谱仪的结构及使用。

【实验原理】

知识拓展 16-3

在化合物分子中，具有相同化学键的基团，其基本振动频率吸收峰(简称基频峰)基本出现在同一频率区域内。但在不同化合物分子中因所处的化学环境不同，同一类型基团的基频峰频率会发生一定移动。掌握各种基团基频峰的频率及其位移规律，就可应用红外吸收光谱来确定有机化合物分子中存在的基团及其在分子结构中的相对位置。因此，同一化合物应有相同的红外吸收光谱图；不同化合物由不同的基团组成，因此有不同的振动形式和频率，得到的红外吸收光谱也不同，可以通过它们的红外吸收光谱进行定性鉴别和结构分析。

【仪器与试剂】

1. 仪器

傅里叶变换红外光谱仪(FT-IR)。

2. 试剂

苯甲酸(药用)，苯甲醇(药用)，溴化钾(光谱纯)，95%乙醇(分析纯)。

【实验内容】

1. 苯甲酸红外吸收光谱的测绘

利用压片法制备苯甲酸晶片，以空白 KBr 晶片作为背景，扫描苯甲酸的红外吸收光谱。(仪器的操作请参照本章实验一　傅里叶变换红外光谱仪的性能检查)。

2. 苯甲醇红外吸收光谱的测绘

(1) 液体池法：将液体样品注入固定密封液体池或装入可拆卸式液体池内，置于光路中测定。

溶液法是将样品制成1%～10%溶液以厚度为 0.1～0.5 mm 的液体池测定，用溶剂作为

NOTE

背景。一般液体试样及有合适溶剂的固体试样均可采用液体池法。最常用的溶剂有四氯化碳、二硫化碳、氯仿、环己烷等，对于某些难溶性高聚物或其他化合物多采用四氢呋喃、吡啶、二甲基甲酰胺等溶剂溶解。

(2) 夹片法：取两片 KBr 空白晶片，将适量液体滴在一片上，再盖上另一片，装入样品架中夹紧，置于光路中测定。

3. 数据处理

(1) 在试样的红外吸收光谱图上，标出各吸收峰的波数，并确定其归属。

(2) 比较苯甲酸和苯甲醇红外吸收光谱的异同。

知识链接
16-3

【注意事项】

(1) 使用液体池时，需注意窗片的保护，测定后，用适宜的溶剂彻底冲洗后保存在干燥器中。

(2) 使用可拆卸式液体池时，在操作中注意不要形成气泡。

思考题答案

【思考题】

试比较红外吸收光谱和紫外吸收光谱的异同点。

（魏芳弟）

NOTE

第十七章　薄层色谱法

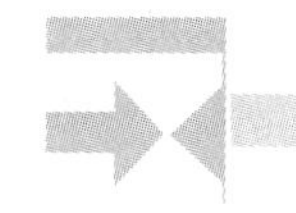

扫码看课件

PPT

实验一　薄层色谱法测定硅胶(黏合板)的活度

【实验目的】

(1) 掌握薄层色谱的操作程序。

(2) 熟悉黏合薄层的制备方法。

(3) 了解黏合薄层活度的测定方法。

【实验原理】

硅胶的吸附性取决于连接在硅原子表面的羟基基团——硅醇基(—Si—OH),经活化后的硅胶若暴露在空气中,则能吸附水分使其活性减弱。

硅胶黏合薄层活度的测定方法,目前一般都采用 Stahl 活度测定。样品为二甲黄、苏丹红、靛酚蓝等量混合溶液,点在薄层板上,用石油醚展开 10 cm,斑点应不移动,如用苯展开,则应分成三个斑点,合格的硅胶黏合薄层,其 R_f 分别如下:二甲黄 0.58±0.05,苏丹红 0.38±0.05,靛酚蓝 0.08±0.05,其活度为Ⅱ～Ⅲ级,水分含量为 5%～15%。如 R_f<标准值,表明硅胶的含水量小(新鲜活化的硅胶板),吸附能力强,活度级别<Ⅱ级,如 R_f>标准值,表明硅胶的含水量大(暴露在空气中时间较长的硅胶板),吸附能力弱,活度级别>Ⅲ级。硅胶活度级别与硅胶的含水量、吸附能力及样品 R_f 的关系如下:

硅胶活度	Ⅰ	Ⅱ	Ⅲ	Ⅳ	Ⅴ
硅胶含水量	小		→		大
硅胶吸附能力	强		→		弱
样品 R_f	小		→		大

知识拓展

17-1

【仪器与试剂】

1. 仪器

双槽层析缸,点样毛细管,电吹风,玻璃板(10 cm×20 cm),研钵。

2. 试剂

硅胶 G(薄层层析用),0.6%羧甲基纤维素钠溶液,混合染料(含二甲黄、苏丹红、靛酚蓝各 0.40 mg/mL),石油醚(AR),甲苯(AR)。

知识链接

17-1

【实验内容】

1. 硅胶黏合薄层板制备

称取硅胶(薄层层析用)7 g 于小研钵中,加 0.5%羧甲基纤维素钠溶液约 20 mL,研匀,铺于 10 cm×20 cm 玻璃板上,使其形成均匀薄层。室温晾干,于烘箱中 105～110 ℃活化 1 h,置

于干燥器中储存、备用。

2. 层析缸饱和

量取石油醚和苯各 80 mL，分别倒入两只层析缸中，盖上层析缸盖，晃动溶液，使其均匀分配至双槽中。

3. 点样与展开

取一块薄层板，在距板一端 2 cm 处用铅笔轻轻划上起始线，并在距起始线 10 cm 处划出前沿线。在起始线上划 4 个点样点，每点间隔 2 cm，两侧点距边缘 2 cm。用内径为 0.5 mm 的平口毛细管轻轻点上混合染料溶液，边点边用冷风吹，原点直径应不超过 2～3 mm。挥干溶剂，将薄层板置于放有苯的层析缸中，展开至前沿线时，取出，挥干溶剂，划出实际前沿线。另取一板，同上操作，置于放有石油醚的层析缸中，做对照实验。

4. 计算比移值

观察斑点的位置，测量迁移距离，计算出二甲黄、苏丹红、靛酚蓝的 R_f 值，判断硅胶板的活度。

$$R_f=\frac{\text{原点至染料斑点中心的距离}}{\text{原点至展开剂前沿的距离}}$$

【注意事项】

（1）点样量不宜太多，否则会造成斑点拖尾，影响分离。

（2）展开剂石油醚或甲苯中含水量的多少，会影响斑点的 R_f，所以层析缸必须干燥无水。加入展开剂后如发现混浊，表明展开剂中含水，应用展开剂将层析缸荡洗 3 次。

（3）展开剂不要加得太多，起始线不能浸入展开剂中，否则会使样品点溶解，原点变大。

【思考题】

思考题答案

（1）影响薄层色谱 R_f 的因素有哪些？

（2）用硅胶薄层板分离混合物，是属于哪一种色谱方法？

（韦国兵）

实验二　四逆汤中乌头碱的限量检查

【实验目的】

（1）掌握薄层色谱的基本操作方法和分离原理，薄层色谱斑点的检出识别方法。

（2）熟悉比移值 R_f 的计算方法。

（3）了解薄层色谱对杂质限量检查的方法。

【实验原理】

知识拓展 17-2

依据同一成分在相同的色谱条件下应有相同的色谱行为，在一定的色谱条件下，采用对照法，利用与对照品相同的位置有相同颜色的斑点，以鉴别成分，据此判断样品中的化学组分。

在相同的色谱条件下，色谱斑点的面积大小与组分的质量或含量大小成正比。因此利用标准对照法，对照品与样品组分的斑点面积之比与两者的浓度之比成正比例关系。在杂质限量检查中，要求供试品色谱中，在与对照品色谱相应位置上，出现的斑点应小于对照品斑点，或不出现斑点，由此确定杂质的限量。

NOTE

【仪器与试剂】

1. 仪器

层析缸，硅胶 G 薄层板，毛细管点样器，喷雾器，电吹风。

2. 试剂

乌头碱对照品，次乌头碱对照品，三氯甲烷，乙酸乙酯，浓氨水，碘化铋钾试剂，四逆汤。

【实验内容】

1. 供试品溶液的制备

取四逆汤 70 mL，加浓水氨调节 pH 至 10，用乙醚提取 3 次，每次 100 mL，合并乙醚液，回收溶剂，残渣用无水乙醇溶解至 2.0 mL，即为供试品。

2. 对照品溶液的制备

分别取乌头碱和次乌头碱对照品适量，加无水乙醇制成每 1 mL 各含 2.0 mg 与 1.0 mg 的混合溶液，即为对照品溶液。

3. 点样

取一块薄层板，距板的一端 1.5 cm 处，用铅笔轻轻画一横线作为起始线，把点样点的位置空出，两点样点间距不小于 1 cm，在板的另一端的相应处写上所点样品名称。吸取供试品溶液 6 μL、对照品溶液 5 μL，分别点于同一硅胶 G 薄层板。点样时用毛细管取样品，选取毛细管比较平整的一边吸取适量样品，轻轻点一下，注意不要破坏薄层。点的直径不大于 3 mm。

4. 展开

以三氯甲烷-乙酸乙酯-浓氨水(5∶5∶1)的下层溶液为展开剂，在层析缸中倒入展开剂 10 mL，此时将色谱缸的一端垫起，将点好样品的薄层板倾斜置于色谱缸中没有展开剂的一端，倾斜角度为 15°～20°。预饱和 15 min。再小心将色谱缸放平，此时有样品的一端浸入展开剂中，浸没深度约为 0.5 cm。注意展开剂不得过原点。

5. 显色与定位

待展开剂前沿离薄层板 1～2 cm 时，取出，立即用铅笔标出溶剂前沿，晾干。在薄板上喷以碘化铋钾试剂，并立即用铅笔标出斑点的位置，并记录斑点的颜色。

知识链接 17-2

6. 杂质限度检查

供试品色谱中，在与对照品色谱相应位置上，出现的斑点应小于对照品斑点，或不出现斑点，由此确定杂质的限量。

【注意事项】

(1) 注意点样位置、斑点直径和形状。

(2) 展开过程中展开剂要呈平整直线向前展开。

【思考题】

思考题答案

(1) 薄层色谱法中定性参数比移值 R_f 的计算方法是什么？

(2) 用硅胶薄层色谱分离化合物，其比移值 R_f 和结构有什么关系？

(韦国兵)

实验三　薄层扫描法测定黄柏中盐酸小檗碱的含量

【实验目的】

(1) 掌握黄柏中盐酸小檗碱的薄层扫描定量方法。

(2) 熟悉薄层扫描法中外标两点法的定量方法。

(3) 了解薄层扫描仪的操作方法。

【实验原理】

薄层扫描法是利用某种波长的单色光对薄层板上的斑点进行扫描，通过测定该斑点对光的吸收度而测定其含量。在薄层扫描法中，常用外标两点法定量，即在同一薄层板上点两个浓度的对照品，再点一定量的供试品，进行扫描测定。

知识拓展
17-3

【仪器和试剂】

1. 仪器

薄层扫描仪，定量毛细管(2 μL)。

2. 试剂

0.5% CMC-Na 的硅胶 G 板，盐酸小檗碱对照品，黄柏药材，正丁醇，冰醋酸。

知识链接
17-3

【实验内容】

1. 薄层板制备

定量分析时一般选用厂家生产的薄层层析用预制板。

2. 对照品溶液制备

精密称取盐酸小檗碱对照品适量，加无水甲醇制成每 1 mL 含 0.4 mg 的溶液，即得。

3. 供试品溶液制备

取黄柏粉末(过三号筛)约 0.3 g，精密称定，置于索式提取器中，加甲醇 150 mL，提取至无色，回收甲醇至一定体积，转移至 50 mL 容量瓶中，加热甲醇洗净容器，洗液并入容量瓶中，加甲醇至刻度，即得。

4. 含量测定

吸取供试品溶液 2 μL，对照品溶液 4 μL 和 8 μL，分别交叉点于同一薄层板上，以正丁醇-冰醋酸-水(7∶1∶2)为展开剂，展开 10 cm，取出，晾干。于薄层扫描仪上扫描测定，波长 λ_s 为 428 nm，λ_R 为 520 nm，双波长反射法锯齿扫描，狭缝为 0.4 mm×0.4 mm，检测信号为峰面积。测量供试品吸光度积分值与对照品吸光度积分值，并计算含量。

【注意事项】

(1) 薄层扫描板必须光滑平整，表面无损伤和无污染。

(2) 点样过程中，要求点样针头刚接触薄层板表面，不能使薄层板表面受损而产生凹点。

(3) 展开后的薄层板不能立即扫描，要保证薄层板表面的溶剂挥发完全。

思考题答案

【思考题】

(1) 薄层扫描法定量有何优点？

(2) 为什么薄层扫描法中，斑点的吸光度与浓度关系不遵守 Lambert-Beer 定律？
(3) 薄层扫描有哪些扫描方式？什么情况下使用锯齿式扫描？

(韦国兵)

实验四　纸色谱法分离鉴定混合氨基酸

【实验目的】

(1) 掌握纸色谱的操作方法。
(2) 熟悉纸色谱的分离原理。
(3) 了解纸色谱法在分离和定性方面的应用。

【实验原理】

纸层析法又称为纸色谱法，是一种物理分离方法，是利用滤纸作为惰性支持物的分配层析法，展开剂由有机溶剂和水组成。滤纸纤维上的羟基具有亲水性，滤纸上吸附的水分形成固定相。当有机溶剂沿滤纸流动经过层析点时，层析点上的组分在水相和有机相之间进行分配，因各组分在有机相和水相中的分配系数不同，向前迁移的速率也不同，从而得以分离。

本实验是利用纸色谱法在滤纸上分离鉴定赖氨酸、苯丙氨酸、缬氨酸、脯氨酸和亮氨酸的混合溶液。展开剂为正丁醇：冰醋酸(4：1)，以水合茚三酮正丁醇溶液为显色剂。

【仪器和试剂】

知识拓展
17-4

1. 仪器

层析滤纸(新华一号)，薄层板，烧杯(250 mL)，表面皿，吹风机，点样毛细管，镊子，剪刀，尺和铅笔。

2. 试剂

赖氨酸，苯丙氨酸，缬氨酸，脯氨酸，亮氨酸，茚三酮。

【实验内容】

1. 滤纸的准备

将表面无荧光斑点的滤纸剪成宽约 6 cm，长约 10 cm 的纸条，在纸的一端距离边缘 2～3 cm 处用铅笔画一条直线作为起始线，在上面均匀标记 6 个点。

2. 氨基酸溶液的配制

0.5%氨基酸溶液(赖氨酸、苯丙氨酸、缬氨酸、脯氨酸和亮氨酸)及其混合溶液(各组分浓度均为 0.5%)，备用。

3. 点样

用毛细管吸取少量 0.5% 氨基酸样品分别点在 6 个位置上，每点完一点，立刻用电吹风热风吹干后再点一次，控制样品点在纸上扩散的直径最大不超过 3 mm。

4. 展开

在 250 mL 的烧杯中倒入少量展开剂(液面为 1 cm 左右)，用镊子将点好样的滤纸小心放入烧杯中，使其直立，点样的一端在下，展开剂液面需低于起始线，盖上表面皿。待溶剂上升至 9 cm 左右时，用镊子将滤纸取出，用铅笔画出溶剂前沿，自然干燥或用吹风机吹干。

NOTE

5. 显色

用喷雾器向滤纸上均匀喷洒0.1%茚三酮正丁醇溶液，立即用吹风机吹干，即可显出各层析斑点。

6. R_f 值的计算

量出每个样品从原点到层析斑点中心的距离和从原点到溶剂前沿的距离，计算各样品的 R_f 值，并根据 R_f 值进行定性分析。

知识链接
17-4

【注意事项】

（1）实验过程中，严格保证展开剂各组分的比例，因组分的 R_f 值与展开剂的组成密切相关。

（2）滤纸放入层析缸时一定要小心放平。

（3）实验过程中一定要避免用手直接接触滤纸，也不能随意放置滤纸。

（4）滤纸一定要精心选择，要求滤纸质地均匀，具有一定的机械强度和足够的纯度，表面无荧光斑点。

思考题答案

【思考题】

（1）纸色谱分离中，组分的极性与组分的比移值有什么关系？

（2）纸色谱中所使用的滤纸应具备什么条件？

（3）根据分离原理，纸色谱法属于哪一类色谱分离方法？

（韦国兵）

NOTE

第十八章　气相色谱法

扫码看课件

PPT

实验一　气相色谱仪的性能检查

【实验目的】

（1）掌握气相色谱仪的一般操作规程。

（2）熟悉气相色谱仪检测器的灵敏度、检测限以及精密度的检测与计算方法。

（3）了解气相色谱仪的基本结构和使用方法。

【实验原理】

气相色谱仪的主要部件包括载气系统、进样系统、色谱柱、柱温箱、检测器和数据记录系统等。要求仪器气路系统密闭良好，载气流速和流量稳定，控温系统温度控制精密度高，检测器灵敏度高、噪音低。本实验主要进行氢火焰离子化检测器（hydrogen flame ionization detector，FID）的灵敏度和检测限的测定，以及其定性、定量精密度等主要性能指标的检查。

1. 灵敏度

FID是一种高灵敏度检测器，对有机物的检测可达到 10^{-12} g/s，灵敏度可按照下式计算：

$$S=\frac{A}{1000m}(\mathrm{mV\cdot s/g})$$

式中，A 为色谱峰面积（μV·s）；m 为进样量（g）。

2. 检测限

知识拓展

18-1

对于FID，灵敏度越高，噪音越大，故单用灵敏度不能全面衡量检测器性能的好坏。能够更准确地评价检测器性能的指标为检测限（敏感度）D，其计算公式如下：

$$D=\frac{2N}{S}(\mathrm{g/s})$$

式中，N 为噪音；S 为灵敏度。检测限越低，检测器的性能越好。

3. 定性重复性

在同一实验条件下，组分保留时间的重复性，通常以被分离组分的保留时间之差（Δt_R）的相对标准偏差来表示。

4. 定量重复性

在同一实验条件下，色谱峰面积（或峰高）的重复性，通常以被分离组分的峰面积（或峰高）之比的相对标准偏差来表示。

【仪器与试剂】

1. 仪器

气相色谱仪（FID），毛细管色谱柱，微量注射器（5 μL）。

NOTE

2. 试剂

联苯(1 μg/mL)的正己烷或环己烷溶液,0.05%苯-甲苯(1∶1)的环己烷溶液,高纯氮和氢。

【实验内容】

1. 色谱条件

色谱柱(PEG 或 SE-30),I.D 2 m×3 mm,柱温 140 ℃,汽化室温度 150 ℃,检测室温度 150 ℃。气体流量:N_2 为 60 mL/min,H_2 为 50 mL/min,空气为 500 mL/min。

2. 灵敏度和检测限

取联苯的正己烷或环己烷溶液(1 μg/mL),进样量 5 μL,记录色谱图,将有关数据代入灵敏度和检测限的计算公式,计算 FID 的灵敏度和检测限。

3. 定性和定量重复性

取 0.05%苯-甲苯(1∶1)的环己烷溶液,进样 1~5 μL,连续进样 5 次,记录色谱图,按照下式计算定性和定量的重复性:

$$Q(\%)=\frac{\overline{x}-x_i}{\overline{x}}\times 100\%$$

式中,Q 为最大相对偏差;$\overline{x}$ 为 5 次进样测得的平均值;x_i 为与 $\overline{x}$ 偏离最大的某测量值,即 $\overline{x}-x_i$ 为最大偏差。定性重复性中,x 为苯与甲苯的保留时间;定量重复性中,x 为苯与甲苯的峰高之比$\frac{h_1}{h_2}$。

4. 数据记录

数据记录见表 18-1。

表 18-1 气相色谱仪定性和定量重复性

保留时间	t_{R_1}/min	t_{R_2}/min	Δt_R/min	h_1	h_2	$\frac{h_1}{h_2}$
1						
2						
3						
4						
5						
$\overline{x}$						

注:1 为苯,2 为甲苯,$\Delta t_R=t_{R_1}-t_{R_2}$。

知识链接
18-1

按照下式计算定性和定量重复性:

(1) 定性重复性:$Q(\%)=\frac{|\Delta t_{R_i}-\Delta \overline{t_R}|}{\overline{t_R}}\times 100\%$;

(2) 定量重复性:$Q(\%)=\frac{\left|\left(\frac{h_1}{h_2}\right)_i-\overline{\frac{h_1}{h_2}}\right|}{\overline{\frac{h_1}{h_2}}}\times 100\%$。

【注意事项】

(1) 开机时要先通载气,后通电,关机时要先断电源,后停气。

(2) FID 为高灵敏度的检测器,必须用高纯度的氮气(一般 99.9%)、空气和氢气,不点火严禁通 H_2,通 H_2 后要及时点火。空气中可能含有有机气体,故气体输入前应严格净化。

(3) 定量吸取试样,注射器中不应有气泡。每次插入和拔出注射器的速度应该保持一致。注射器使用前应该用被测溶液多次润洗(如 5 次),实验结束后用乙醇清洗。

(4) 可以根据样品的性质和沸点确定柱温、汽化室和检测器的温度。一般汽化室的温度比组分中最高的沸点要高,检测器的温度要高于柱温。

【思考题】

思考题答案

(1) 选择柱温的原则是什么?为何检测器的温度必须高于柱温?

(2) FID 正常工作时都需要哪些气体?作用分别是什么?

(3) 为什么使用 FID 的气相色谱仪停机时应先停 H_2 后停温控?

(李云兰)

实验二　气相色谱法测定血中乙醇的含量

【实验目的】

(1) 掌握内标法进行定量分析的方法和计算。

(2) 熟悉有关气相色谱分析的操作技术。

(3) 了解气相色谱仪的结构和分析的原理。

知识拓展

18-2

【实验原理】

气相色谱仪在石油、化工、生物化学、医药卫生、食品工业、环保等方面应用很广,是一种对混合物中各成分进行分析检测的仪器。

本方法利用乙醇的易挥发性,以异戊醇为内标,用气相色谱火焰离子化检测器进行检测,经与平行操作的乙醇标准品比较,以保留时间或者相对保留时间定性,用内标法进行定量分析。

【仪器和试剂】

1. 仪器

气相色谱仪,移液管(2 mL、5 mL、10 mL),100 mL 容量瓶,5 mL 离心管,1000 μL 移液枪,微量注射器(1 μL)。

2. 试剂

无水乙醇,异戊醇(均为 AR),乙醇标准储备液(10 mg/mL)100 mL,内标物(异戊醇)标准储备液(5 mg/mL)100 mL。

【实验内容】

1. 实验条件

色谱柱:DB-WAXETR 30 m×0.25 mm×0.25 μm。柱温:70 ℃(1 min),10 ℃/min,90 ℃(3 min)。检测器:氢火焰检测器。载气流量:N_2,1.0 mL/min。进样量:1.0 μL。

2. 标准溶液的配制

分别准确移取乙醇标准储备液 0.00 mL、2.00 mL、3.00 mL、6.00 mL、9.00 mL、12.00 mL 于 100 mL 容量瓶中,再分别准确移取 10 mL 内标物(异戊醇)标准液于上述容量瓶中,加

NOTE

蒸馏水至刻度，摇匀，得到乙醇系列标准溶液，浓度分别为 0 mg/100 mL、20 mg/100 mL、30 mg/100 mL、60 mg/100 mL、90 mg/100 mL、120 mg/100 mL，内标物(异戊醇)浓度为 50 mg/100 mL 的系列标准溶液。

3. 定性分析

取上述任一标准储备溶液，平行进样 3 次，得到气相色谱图，记录样品中色谱峰的保留时间。在同样条件下，分别注入 1 μL 乙醇和异戊醇的标准品，记录保留时间，根据所对应的保留时间确定乙醇、异戊醇的位置。

4. 标准曲线的绘制(定量分析)

(1) 空白血液：精密量取全血 1 mL 于 5 mL 离心管中，加入 5 mg/mL 内标物溶液 200 μL，加蒸馏水至 2 mL，混匀，以 3000 r/min 离心 20 min，待蛋白充分沉淀后，吸取上清液进样，得到气相色谱图，记录峰面积，标本平行测定 3 次(空白血液中乙醇含量为零)。

(2) 标准溶液：取上述配制的六种系列标准溶液 200 μL，分别加入空白血液 1 mL，按照空白血液的处理方法，分别取上清液进样，得到气相色谱图，记录峰面积，计算乙醇与内标物峰面积比，建立血液中乙醇浓度检测的标准曲线(表 18-2)。以浓度为横坐标，乙醇峰面积和内标物峰面积的比为纵坐标，得线性回归方程(乙醇含量的标准工作曲线的线性相关系数的平方(R^2)不小于 0.99，该标准曲线有效)。

表 18-2 标准曲线的绘制

乙醇浓度/(mg/100 mL)	乙醇峰面积	异戊醇峰面积	乙醇峰面积/异戊醇峰面积
20			
30			
60			
90			
120			

5. 血液中乙醇含量检测

知识链接 18-2

精密量取全血 1 mL 于 5 mL 离心管中，加入 5 mg/mL 内标物溶液 200 μL，再加入 10 mg/mL 乙醇溶液 160 μL，加蒸馏水至 2 mL，混匀，以 3000 r/min 离心 20 min，待蛋白充分沉淀后，吸取上清液于进样瓶中，得到气相色谱图，记录峰面积，计算乙醇峰面积/内标物峰面积，校正曲线法计算乙醇的含量，每个标本平行进样 2 次，其平均值即为样品中乙醇含量。

思考题答案

【思考题】

(1) 在同一操作条件下为什么可用保留时间来鉴定未知物？

(2) 为什么启动仪器时，要先通载气，后通电源？而实验完毕后，要先关电源，稍后才关载气？

(王浩江)

实验三 气相色谱系统适用性实验

【实验目的】

NOTE

(1) 掌握用已知物对照法定性的原理和方法。

(2) 熟悉色谱系统适用性实验方法。

(3) 了解气相色谱法各色谱参数的计算方法。

【实验原理】

气相色谱法中，采用已知物对照法是一种常用的定性鉴别方法。在相同的实验条件下，分别测定已知对照物与试样的色谱图，将待鉴定组分的保留值与对照品的保留值进行定性比较，或将适量已知物加入试样中，对比加入对照品前后的色谱图，若加入对照品后待鉴定组分的色谱峰相对增高，则可初步判断两者为同一物质。该法适用于鉴别范围已知的未知物。采用色谱法鉴别药物或测定药物含量时，须对仪器进行色谱系统适用性实验。

采用对照品进行实验，色谱系统适用性的各参数定义如下。

(1) 理论塔板数：$n=5.54\times\left(\frac{t_R}{W_{1/2}}\right)^2$。

知识拓展

18-3

(2) 分离度：$R=\frac{2(t_{R_2}-t_{R_1})}{W_2+W_1}$，《中国药典》(2015 版)规定，待测组分峰与相邻组分峰的分离度 R 应大于 1.5。

(3) 重复性：取对照品连续进样 5 次，测定其峰面积的相对标准偏差 RSD 应不大于 2.0%。

(4) 拖尾因子：$T=\frac{W_{0.05h}}{2d_1}$，《中国药典》(2015 版)规定，T 应该在 0.95～1.05 之间。峰面积法测定时，若拖尾严重，将影响峰面积的准确测量，应进行有关实验条件的调整。

【仪器和试剂】

1. 仪器

气相色谱仪(FID)，毛细管色谱柱，微量注射器(1 μL)。

2. 试剂

苯、甲苯、二甲苯(均为 AR)，苯、甲苯、二甲苯三组分混合试液，高纯氮和氢。

【实验内容】

1. 色谱条件

色谱柱(PEG 或 SE-30)，柱参数 2 m×3 mm，柱温 100 ℃，汽化室温度 150 ℃，检测室温度 150 ℃。气体流量：N_2 为 30 mL/min，H_2 为 50 mL/min，空气为 500 mL/min。进样量为 0.5 μL。

2. 分离与鉴定

上述实验条件下，分别取苯、甲苯、二甲苯(对照液)及混合试液各 0.5 μL 进样，记录各组分峰的保留时间，与对照组分的保留时间比较，鉴定样品色谱图中各峰的归属。

3. 色谱参数的计算

测量试样色谱图中各组分的峰高 h、峰宽 W、半峰宽 $W_{1/2}$、$W_{0.05h}$ 和 d_1 值，计算：

(1) 色谱柱的理论塔板数 n(以苯的峰计算)；

(2) 苯与甲苯、甲苯与二甲苯的分离度 R；

(3) 各组分峰的峰面积测量值的重复性；

(4) 各组分峰的拖尾因子 T。

知识链接

18-3

Agilent 7890 气相色谱仪

【注意事项】

(1) 采用已知物的绝对保留时间对照法定性时,应保持实验条件恒定。

(2) 由于所用色谱柱不一定适合待测组分,可能产生组分不同但峰位相同或相近的现象,故实际工作中,一般需要再选取 1～2 根极性差别较大的色谱柱进行实验,若对照物和待测组分在 2～3 个不同极性的色谱系统下峰位仍然相同,一般可认为二者为同一物质。

(3) 微量注射器(1 μL)是无死角注射器,进样时注射器应与进样口垂直,一手捏住针头协助迅速刺穿橡胶垫圈,另一手平稳敏捷地推进针筒,使针头尽量插得深一点,然后轻推针芯,迅速注入样品,完成后迅速拔针(气体样品除外)。整个动作应平稳、连贯、迅速。切勿用力过猛,把针头及针芯顶弯曲。

(4) 注射器易碎,使用时应多加小心,轻拿轻放,不要来回空抽(特别是不要在溶剂快要干的情况下来回抽拉),以防损坏气密性,降低其准确度。

(5) 注射器吸取试样后,需要用乙醇反复多次洗针,以免针孔被样品残渣堵塞。洗针和吸取样品时不要把针芯拉出针筒外,否则会损坏微量注射器。

思考题答案

【思考题】

(1) 色谱系统适用性实验的测试目的和内容是什么?根据本次系统适用性实验结果对本色谱系统做出评价。

(2) 若组分间的分离度未达到要求,如何调整实验条件加以改善?

(3) 不同组分色谱峰计算的理论塔板数是否相同?如何提高柱效?

(李云兰)

实验四　内标校正法测定白酒中甲醇和高级醇含量

【实验目的】

(1) 掌握内标校正曲线法的定量方法。

(2) 熟悉气相色谱法测定白酒中甲醇和高级醇含量的基本原理。

(3) 了解气相色谱仪的基本结构和使用方法。

知识拓展
18-4

【实验原理】

白酒中的甲醇及高级醇类在高温下转变为蒸气后,随流动相流经色谱柱时可得到有效分离。分离后的各组分经火焰离子化检测器检测,可得到相应组分的色谱峰。根据各组分的保留时间定性;根据各组分的峰面积或峰高定量,本实验采用内标校正曲线法。使用内标法时,在样品中加入一定量的标准物质,它可被色谱柱所分离,又不受试样中其他组分峰的干扰,只

要测定内标物和待测组分的峰面积与相对响应值，即可求出待测组分在样品中的质量分数。

【仪器与试剂】

1. 仪器

气相色谱仪(FID检测器)，氢气发生器，空气压缩机，HP-5色谱柱(30 m×0.32 mm，0.25 μm)，容量瓶(100 mL)，微量进样器(1 μL)、吸量管(1 mL)。

2. 试剂

甲醇，正丙醇，异丁醇，正丁醇，叔丁醇，异戊醇及正戊醇。

【实验内容】

1. 色谱条件

气体流速：载气(N_2)30 mL/min；氢气(H_2)40 mL/min；空气400 mL/min。工作温度：采用程序升温，30 ℃保温2 min，以2 ℃/min升到40 ℃，进样器温度为200 ℃，检测器温度为250 ℃。检测器：FID。

2. 溶液的配制

(1) 标准醇溶液的配制：分别准确吸取1.00 mL甲醇、正丙醇、异丁醇、正丁醇、异戊醇、正戊醇，用60%乙醇定容到50 mL容量瓶中。

(2) 混合醇标准溶液的配制：分别准确吸取甲醇、正丙醇、异丁醇、正丁醇、异戊醇、正戊醇0.5 mL，用60%乙醇定容到50 mL容量瓶中。

(3) 内标液的配制：准确吸取4 mL叔丁醇于50 mL容量瓶中定容，再从其中准确吸取0.5 mL于50 mL容量瓶中，用60%乙醇定容。

3. 标准曲线的绘制

分别准确吸取混合醇标准溶液0.0 mL、0.5 mL、1.0 mL、1.5 mL、2.0 mL、2.5 mL、3.0 mL、3.5 mL和4.0 mL，用60%乙醇定容到10 mL容量瓶中，分别取上述溶液0.5 mL，再加入0.5 mL内标液，摇匀，备用。

4. 进样

取上述各种试液1 μL进样，得色谱图。计算$\frac{A_{甲醇}}{A_{IS}}$、$\frac{A_{正丙醇}}{A_{IS}}$、$\frac{A_{异丁醇}}{A_{IS}}$、$\frac{A_{正丁醇}}{A_{IS}}$、$\frac{A_{异戊醇}}{A_{IS}}$、$\frac{A_{正戊醇}}{A_{IS}}$，以$\frac{A_x}{A_{IS}}$为纵坐标，c_x为横坐标，绘制标准曲线。

知识链接 18-4

5. 试样分析

在相同的色谱条件下，取试样1 μL进入色谱仪，求出$\frac{A_i}{A_{IS}}$，通过标准曲线求得试样c_i。按照下式计算分析结果：

$$\frac{\left(\frac{A_i}{A_{IS}}\right)_{样品}}{\left(\frac{A_i}{A_{IS}}\right)_{对照}}=\frac{c_{i样品}}{c_{i对照}}$$

Sp-2100气相色谱仪

NOTE

【注意事项】

(1) 开启仪器前,一定要确保已接通载气气路;关机时应先断电,待温度降到近室温时关闭载气。

(2) 载气(N_2)与氢气流量比一般为(1～1.5)∶1,空气与氢气流量比一般为10∶1。

思考题答案

【思考题】

(1) 如何选择FID的检测温度?

(2) 氢气流量对基线噪声的影响是变大还是变小?

(3) 什么是内标法?怎样选择内标物?

(李云兰)

NOTE

第十九章　高效液相色谱法

扫码看课件
PPT

实验一　高效液相色谱仪的性能检查和色谱参数的测定

【实验目的】

(1) 掌握色谱柱柱效的测定原理和方法，高效液相色谱仪的使用方法。

(2) 熟悉高效液相色谱仪的性能检查和色谱参数测定的方法。

【实验原理】

高效液相色谱仪在使用前，其技术参数应达到一定要求，因此需对性能指标进行检查。

高效液相色谱仪的主要性能指标包括以下几点。

知识链接
19-1

(1) 流量精度：色谱仪流量的重复性，用多次测定的流量值的相对标准偏差来表示。

(2) 噪声：由于仪器本身和工作条件等偶然因素引起的基线起伏称为噪声。噪声的大小用基线波动的最大带宽来衡量，通常以毫伏(mV)或安培(A)为单位。

(3) 漂移：基线在单位时间内单向缓慢变化的幅度，单位为 mV/h 或 A/h。

(4) 定性重复性：在同一实验条件下，组分保留时间的重复性。通常以被分离组分的保留时间之差(Δt_R)的相对标准偏差来表示，RSD≤1%认为合格。

(5) 定量重复性：在同一实验条件下，被测组分色谱峰面积(或峰高)的重复性。通常以被分离组分的峰面积比的相对标准偏差来表示，RSD≤2%认为合格。

高效液相色谱参数包括定性参数、定量参数、柱效参数和分离参数。本实验主要测定下列色谱参数。

理论塔板数：$n=5.54\left(\frac{t_R}{W_{1/2}}\right)^2$

理论板高：$H=\frac{L}{n}$

有效塔板数：$n_{eff}=5.54\left(\frac{t'_R}{W_{1/2}}\right)^2$

保留因子：$k=\frac{t'_R}{t_0}=\frac{t_R-t_0}{t_0}=K\frac{V_s}{V_m}$

分配系数比(分离因子)：$\alpha=\frac{K_2}{K_1}=\frac{k_2}{k_1}$

分离度：$R=\frac{2(t_{R_2}-t_{R_1})}{W_1+W_2}=\frac{1.177(t_{R_2}-t_{R_1})}{W_{1(1/2)}+W_{2(1/2)}}$

上述各式中，t_R 为保留时间；$W_{1/2}$ 为半峰宽；L 为柱长；t'_R 为调整保留时间；t_0 为死时间；K 为分配系数；V_s 为柱内固定相体积；V_m 为柱内流动相体积；W 为峰宽。

NOTE

【仪器和试剂】

1. 仪器

高效液相色谱仪，ODS色谱柱，容量瓶（10 mL）。

2. 试剂

甲苯（AR），萘（AR），苯磺酸钠（AR），甲醇（色谱纯），重蒸水。

知识拓展 19-1

【实验内容】

1. 色谱条件

色谱柱：ODS柱（15 cm×46 mm，5 μm）。流动相：甲醇-水（80∶20）。流速：0.8 mL/min。检测器：UV 254 nm。

2. 制备流动相

甲醇、重蒸水进行过滤和脱气。安装流动相，开机预热至基线平稳。

3. 流量精度的测定

（1）按上述色谱条件，在指示流量1.0 mL/min、2.0 mL/min、3.0 mL/min三点测定流量。用10 mL容量瓶在流动相出口处接收流出液。用秒表准确记录流出10 mL液体所需的时间，换算成流速（mL/min），重复测定5次（按表19-1记录）。

（2）给出结论（合格或不合格）。

表 19-1 流量精度的测定

指示流量	1.0 mL/min		2.0 mL/min		3.0 mL/min	
测得流量	t	mL/min	t	mL/min	t	mL/min
1						
2						
3						
4						
5						
平均值						
RSD/(%)						

注：t为流出10 mL液体所需的时间。

4. 基线稳定性（噪声和漂移）的测定

待仪器稳定后，将检测器灵敏度放在较高挡（至能测出噪声），记录基线1 h。测定基线波动的峰对谷（负峰）的最大宽度为噪声。基线带中心的结尾位置与起始位置之差为漂移。

5. 重复性的测定

（1）试样：甲苯（1 μg/μL）、萘（0.05 μg/μL）及苯磺酸钠（0.02 μg/μL，用于测定死时间t_0）的甲醇（或流动相）溶液。

（2）按上述色谱条件进样20 μL，记录色谱图，测定t_0，甲苯和萘的t_R、$W_{1/2}$、A等。重复测定5次（在表19-2中记录有关数据）。

（3）以保留时间和峰面积分别计算仪器的定性、定量重复性。

（4）给出结论。

6. 色谱参数的测定

用上述测得数据计算理论塔板数、理论板高、有效塔板数、保留因子、分配系数比和分离度（表19-2）。

表 19-2　色谱参数的测定

项目	1	2	3	4	5	平均值	SD	RSD/(%)
t_0								
$t_{R(苯)}$								
$t_{R(萘)}$								
Δt_R								
$A_{甲苯}$ 或 $h_{甲苯}$								
$A_{萘}$ 或 $h_{萘}$								
$W_{1/2(甲苯)}$								
$W_{1/2(萘)}$								
$A_{甲苯}/A_{萘}$ 或 $h_{甲苯}/h_{萘}$								

【注意事项】

(1) 计算塔板数和分离度时，应注意 t_R 和 $W_{1/2}$ 单位一致。

(2) 输液泵使用注意事项如下。

①防止固体微粒进入泵体。

②流动相不应含有任何腐蚀性物质，含缓冲盐的流动相不应长时间保留在泵内。

③工作时要防止溶剂瓶内的流动相被用完。

④输液泵工作压力不要超过规定的最高压力。

⑤流动相应该先脱气。

(3) 色谱柱使用注意事项如下。

①避免压力和温度的急剧变化及任何机械震动。

②一般说来色谱柱不能反冲，否则会迅速降低柱效。

③选择使用适宜的流动相(尤其是适当的 pH)，以避免固定相被破坏。有时可以在进样器前连接一预柱来保护色谱柱。

④保存色谱柱时应将柱内充满适宜的溶剂，如反相色谱柱常用含少量水的乙腈或甲醇，柱头要拧紧，防止溶剂挥发干燥。绝对禁止将缓冲溶液留在柱内静置过夜或更长时间。

【思考题】

思考题答案

(1) 为什么要对 HPLC 仪器的性能指标进行检查?

(2) 理论塔板数是用来说明什么问题的?

(3) 什么是分离度? 如何提高分离度?

(信建豪)

实验二　饮品中咖啡因的高效液相色谱分析

【实验目的】

(1) 掌握液相色谱常用的定量方法和样品处理方法。

(2) 熟悉高效液相色谱仪的基本结构。

(3) 了解反相液相色谱的优点及应用。

【实验原理】

咖啡因又称咖啡碱，属黄嘌呤衍生物，化学名称为1,3,7-三甲基黄嘌呤，是从茶叶或咖啡中提取而得的一种生物碱。它能刺激大脑皮层，使人兴奋。咖啡中含咖啡因1.2%～1.8%，茶叶中含咖啡因2.0%～4.7%。可乐、APC药片中均含有咖啡因。其分子式为$C_8H_{10}O_2N_4$，结构式如下：

样品在碱性条件下，用乙醇提取，采用反相高效液相色谱柱进行分离，以紫外检测器进行检测，以咖啡因系列标准溶液的色谱峰面积对其浓度作工作曲线，再根据样品中的咖啡因的色谱面积，由工作曲线算出浓度。

知识拓展
19-2

【仪器和药品】

1. 仪器

液相色谱仪，色谱工作站，色谱柱(C_{18})，平头微量进样器，吸量管(10 mL、25 mL)，容量瓶(10 mL、50 mL、100 mL)。

2. 药品

甲醇(色谱纯)，双蒸水，咖啡因(AR)，可口可乐，绿茶、红茶、红牛，1000 mg/L咖啡因储备液(将咖啡因在110 ℃下干燥至恒重，准确称取0.1 g咖啡因，用甲醇溶解，转移至100 mL容量瓶中，定容至刻度，摇匀，即得)。

【实验内容】

1. 色谱条件

色谱柱为C_{18}色谱柱(250 mm×4.6 mm，5 μm)；流动相为水：甲醇(30：70，体积比)；流速1 mL/min；检测波长275 nm；柱温25 ℃；进样量20 μL。

2. 系列标准溶液配制

分别准确吸取0.40 mL、0.60 mL、0.80 mL、1.00 mL、1.20 mL、1.40 mL咖啡因储备液于6支10 mL容量瓶中，用乙醇定容至刻度，浓度分别为40 mg/L、60 mg/L、80 mg/L、100 mg/L、120 mg/L、140 mg/L。

3. 样品溶液制备

精密吸取25 mL饮料(红茶、绿茶、可口可乐、红牛)于50 mL容量瓶中，先超声脱气15 min，以去除饮料中的CO_2，用蒸馏水稀释至刻度，摇匀。取10 mL于50 mL容量瓶中，用纯水稀释至刻度，摇匀。用0.45 μm微孔滤膜过滤上述样品溶液，分别置于离心管中。

4. 样品测定

待液相色谱仪基线平直后，分别吸取咖啡因系列标准溶液和样品溶液20 μL，注入高效液相色谱仪，重复测定3次，记录峰面积与保留时间。

5. 关闭仪器

实验结束后，按要求关闭仪器。

NOTE

6. 数据处理

(1) 根据保留时间确定样品中咖啡因色谱峰的位置。

(2) 根据咖啡因系列标准溶液的色谱图，绘制咖啡因峰面积与其浓度的工作曲线，根据色谱峰峰面积计算咖啡因的含量。

(3) 根据样品中咖啡因色谱峰的峰面积，由工作曲线计算可口可乐、绿茶、红茶、红牛中咖啡因的含量(分别用 mg/L、mg/g、mg/g 和 mg/g 表示)。

知识链接
19-2

【注意事项】

为了保证进样准确，进样量一定要多于定量管的体积，一般为定量管体积的 2 倍。

思考题答案

【思考题】

(1) 反相高效液相色谱法的特点有哪些？用工作曲线法定量的优缺点是什么？

(2) 在样品过滤时，为什么要弃去前过滤液？这样做会不会影响实验结果，为什么？

(王浩江)

实验三 外标法测定阿莫西林的含量

【实验目的】

(1) 掌握外标法的实验步骤和计算方法。

(2) 熟悉离子抑制色谱法的原理和应用。

(3) 进一步熟悉高效液相色谱仪的使用。

【实验原理】

阿莫西林结构式

阿莫西林为β-内酰胺类抗生素，分子结构中的酰胺侧链被羟苯基取代，具有紫外吸收，可用紫外检测器检测。此外，分子中有一羧基，具有较强的酸性，需要用酸性缓冲溶液为流动相，抑制羧基的解离，采用离子抑制色谱法进行测定。

知识链接
19-3

外标法包括校正曲线法和外标一点法，当校正曲线的截距近似为零时，可用外标一点法直接进行测定。外标一点法可用于测定药物主成分或某个杂质的含量，以待测组分的纯品为对照品，通过对照品和试样中待测组分的峰面积或峰高比较进行定量分析。分别精密称取一定量的对照品和试样，配制成溶液，然后进样相同体积的对照品溶液和试样溶液，在完全相同的色谱条件下，进行色谱分析，测得峰面积。用下式进行计算：

$$m_i=(m_i)_s\times\frac{A_i}{(A_i)_s}\text{或 } c_i=(c_i)_s\times\frac{A_i}{(A_i)_s}$$

式中，m_i、$(m_i)_s$、A_i、$(A_i)_s$、c_i、$(c_i)_s$ 分别为试样溶液中待测组分和对照品溶液中对照品的质量、峰面积和浓度。

【仪器和试剂】

1. 仪器

高效液相色谱仪，紫外检测器，ODS 色谱柱，pH 计，容量瓶（50 mL）。

2. 试剂

阿莫西林对照品，阿莫西林原料药，磷酸二氢钾（AR），氢氧化钾（AR），乙腈（色谱纯），重蒸水。

【实验内容】

1. 色谱条件

色谱柱：ODS 色谱柱（15 cm×46 mm，5 μm）。流动相：0.05 mol·L^{-1} 磷酸盐缓冲溶液（pH 5.0）-乙腈（97.5：2.5）。流速：1 mL/min。检测器：UV 254 nm。柱温：室温。

磷酸盐缓冲溶液：磷酸二氢钾 6.8 g，用水溶解后稀释到 1000 mL，用 2 mol·L^{-1} 氢氧化钾溶液调节至 pH 5.0±0.1。

2. 对照品溶液的配制

取阿莫西林对照品约 25 mg，精密称定，置于 50 mL 容量瓶中，加流动相溶解并稀释至刻度，摇匀，即得。

3. 供试品溶液的配制

取阿莫西林样品 25 mg，精密称定，用与“对照品溶液的配制”相同方法配制供试品溶液。

4. 进样分析

用微量进样器分别取对照品溶液和供试品溶液，各进样 20 μL，记录色谱图。各种溶液重复测定 3 次。

5. 结果计算

用外标法以色谱峰面积或峰高计算试样中阿莫西林的量，再根据试样量 m 计算含量：

$$\omega(\%)=\frac{m_i}{m}\times 100\%$$

知识拓展 19-3

【注意事项】

为保证进样准确，进样时必须多吸取一些溶液，使溶液完全充满 20 μL 的定量环。

【思考题】

思考题答案

（1）校正曲线的截距较大时，能否用外标一点法定量？应该用什么方法定量？

（2）此实验为什么采用含有 pH 5.0 的缓冲溶液的流动相？

（3）称取的样品量和对照品量为什么要接近？

（信建豪）

实验四　高效液相色谱法测定槐米中芦丁的含量

【实验目的】

(1) 掌握槐米中芦丁含量测定的原理与方法。

(2) 熟悉中药材的样品处理方法。

【实验原理】

芦丁的化学结构

芦丁具有一定的共轭结构，可以采用紫外检测器进行检测。结构上具有酚羟基，有一定的酸性，所以须采用离子抑制色谱法，在流动相中加入冰醋酸，抑制酚羟基的解离。

知识链接

19-4

【仪器与试剂】

1. 仪器

高效液相色谱仪，紫外检测器，超声发生器，ODS 色谱柱，具塞锥形瓶，容量瓶(10 mL)。

2. 试剂

芦丁对照品，槐米，甲醇(色谱纯)，重蒸水。

【实验内容】

1. 色谱条件

以十八烷基硅烷键合硅胶为固定相；以甲醇-1%冰醋酸溶液(32∶68)为流动相；检测波长 257 nm。理论塔板数按芦丁峰计算应不低于 2000。

2. 对照品溶液的制备

取芦丁对照品适量，精密称定，加甲醇制成每 1 mL 含 0.1 mg 的溶液，即得。

3. 供试品溶液的制备

取槐米约 0.1 g，精密称定，置于具塞锥形瓶中，精密加入甲醇 50 mL，称定质量，超声处理(功率 250 W，频率 25 kHz)30 min，放冷，再称定质量，用甲醇补足减少的质量，摇匀，过滤。精密量取续滤液 2 mL，置于 10 mL 容量瓶中，加甲醇至刻度，摇匀，即得。

NOTE

知识拓展

19-4

思考题答案

4. 测定

分别精密吸取对照品溶液与供试品溶液各 10 μL，注入液相色谱仪，测定，即得。按照下式计算槐米中芦丁的含量：$\omega(\%)=\frac{m_i}{m}\times 100\%$。

【注意事项】

在供试品溶液的制备中，用甲醇补足减少的质量时，应注意操作的合理性。

【思考题】

(1) 过滤槐米试液时，对滤纸和漏斗有什么要求？

(2) 此实验为什么采用含有 1%冰醋酸的溶液作为流动相？

（信建豪）

NOTE

· 第四部分 ·

综合设计实验

扫码看课件
PPT

在完成实际分析任务时，需要针对不同的样品、含量、组成等信息选择不同的分析方法。有些分析任务的分析方法可以直接从某些参考材料上查到，例如，药物的分析可以从药典上找到，一些卫生检验方法可以从中华人民共和国国家卫生健康委员会颁布的标准中查找等。但是，有的分析任务无法找到标准的分析方法，有的分析任务虽然可以找到现行的分析方法，但可能由于组成、含量不同，需要对分析方法进行适当的修改、调整。

为了能够真正检验学生掌握分析化学基础理论和基本操作的程度，分析问题和解决问题的能力，体现学生学习能力的个性化评价，培养学生的创新能力，现以药学相关的分析任务为例，编写了本章——综合设计实验。实验中给出了实验的目的与要求，并给出了设计思路和仪器、试剂提示。学生在查阅资料的基础上，设计出具体可实施的实验方案，独立进行实验操作，规范记录实验数据，并进行结果计算及评价，最后撰写实验报告，由教师对实验设计过程及结果进行评价。

一、化学定量分析综合及设计实验

化学定量分析包括滴定分析法和沉淀分析法，在进行方案设计时，首先要考虑样品的性质，例如，酸、碱物质首先选择酸碱滴定法；氧化剂、还原剂选择氧化还原滴定法。其次要考虑物质的组成，样品中共存物质是否产生干扰？采用判别式进行判断，如果干扰，应有相应的办法进行干扰的消除。最后是具体的数据，如滴定剂的浓度、样品的取样量、指示剂的选择及用量。

（1）滴定剂的选择：测定酸性物质采用碱标准溶液；测定碱性物质采用酸标准溶液，测定金属离子采用 EDTA 标准溶液；测定氧化剂采用还原剂作为标准溶液；测定还原剂采用氧化剂作为标准溶液等。

（2）滴定剂的浓度：一般情况下，酸碱、氧化还原标准溶液的浓度常用 $0.1\ mol \cdot L^{-1}$，EDTA 常用 $0.01\ mol \cdot L^{-1}$。

（3）样品取用量：按滴定剂消耗的体积为 22.50 mL 进行设计。

（4）指示剂的选择：计算出化学计量点和滴定突跃范围，按指示剂的变色点落在突跃范围内、变色敏锐、变色点尽可能接近化学计量点等原则进行选择。

（5）干扰及消除：采用判别式判断共存物质是否干扰测定，如存在干扰，应采用分离、掩蔽等方法消除干扰。

（6）结果计算：给出正确的计算公式。

二、仪器定量分析综合及设计实验

仪器定量分析包括紫外-可见分光光度法、电化学方法、色谱、质谱、原子吸收光谱法、荧光分析等方法，在实际分析任务设计时，要根据试样的化学结构、理化性质、含量、共存组分和具体分析目的，独立查阅文献，选择合适的分析方法，重点考虑以下内容。

（1）分析方法：选择何种分析方法，包括样品的预处理。

（2）仪器设备、试剂：仪器设备使用前的准备、试剂的选择及配制。

（3）实验步骤：测试试液的顺序和仪器的操作。

（4）实验结果：实验数据记录、处理、计算及评价。

（5）注意事项：分析方法、操作步骤和仪器使用的注意事项。

（6）问题讨论。

（7）参考文献。

实验一　胃舒平药片中 Al_2O_3 及 MgO 的含量测定

胃舒平，是由能中和胃酸的氢氧化铝和三硅酸镁两药合用，并组合解痉止痛药颠茄浸膏而成。氢氧化铝不溶于水，与胃液混合后形成凝胶状覆盖在胃黏膜表面。胃舒平具有缓慢而持久的中和胃酸及保护胃黏膜的作用，但由于中和胃酸时产生的氯化铝具有收敛的作用，可引起便秘。三硅酸镁中和胃酸的作用机理与氢氧化铝类同，同样可于胃内形成凝胶，中和胃酸和保护胃黏膜。但由于其中不被吸收的镁离子起着轻泻作用，可去除氢氧化铝的便秘副作用，两药组合，相得益彰。那么对胃舒平的质量分析，主要就是测定药物中的 Al^{3+} 和 Mg^{2+}，结果用其氧化物的含量表示。

【目的与要求】

(1) 掌握 EDTA 滴定混合金属离子的原理和方法。
(2) 熟悉金属离子的分离方法。

【仪器与试剂】

酸式滴定管，EDTA 标准溶液，铬黑 T 指示剂等。

【方案提示】

(1) 滴定剂的种类和浓度。
(2) 样品取用量。
(3) 掩蔽方法及掩蔽剂的选择。
(4) Al^{3+} 的滴定方式。
(5) 指示剂的选择。

实验二　三种葡萄糖酸钙含量测定方法的比较

葡萄糖酸钙具有可降低毛细血管通透性、增加毛细血管的致密性，使渗出减少，消炎、消肿及抗过敏等作用，且可用于钙缺乏、急性低血钙和低血钙抽搐，荨麻疹，急性湿疹，皮炎等。我们根据其中的 Ca^{2+}，可至少设计三种含量测定方法。

【目的与要求】

(1) 掌握葡萄糖酸钙含量测定的方法。
(2) 熟悉 Ca^{2+} 的滴定方法选择。

【仪器与试剂】

EDTA 标准溶液，草酸，浓硫酸，高锰酸钾标准溶液等。

【方案提示】

(1) 钙指示剂，EDTA 滴定法。
(2) 铬黑 T 指示剂，EDTA 滴定法。

(3) 草酸沉淀,氧化还原滴定法。

实验三 NaH_2PO_4-Na_2HPO_4 混合液中各组分含量的测定

欲测定同一碱性试样中各组分的含量,可用标准酸溶液进行滴定分析,根据滴定过程中pH变化的情况,选用两种不同的指示剂,分别指示两个滴定终点,这种方法称为双指示剂法。采用双指示剂法可以测定混合碱中各组分的含量。

【目的与要求】

(1) 掌握混合碱的双指示剂法测定。
(2) 熟悉双指示剂法判断混合碱组成的原理。

【仪器与试剂】

酸式滴定管,HCl标准溶液等。

【方案提示】

(1) 判断 NaH_2PO_4 和 Na_2HPO_4 能否区别滴定。
(2) 滴定剂的选择。
(3) 双指示剂的选择。

实验四 生物缓冲溶液的配制及pH的测定和调校

在一定程度上能抵抗外加少量酸、碱或稀释,而保持溶液pH基本不变的作用称为缓冲作用。具有缓冲作用的溶液称为缓冲溶液。配制缓冲溶液需要用pH计进行测定,测定之前还需先对酸度计进行调校。

【目的与要求】

(1) 掌握溶液pH测定的基本原理与方法。
(2) 掌握生物缓冲溶液的配制方法。

【仪器与试剂】

pHS-3C型酸度计,标准缓冲溶液等。

【方案提示】

(1) 仪器及校准。
(2) 缓冲溶液的配备。
(3) pH的测定。
(4) 预期结果。

实验五　火焰原子吸收法工作条件的选择及肝素钠中杂质钾盐的含量测定

药物中存在的杂质可能对药物的疗效起到一定的影响，所以需要对药物中的杂质进行测定，避免其副作用的发生。肝素钠中的杂质钾，可以用火焰原子吸收法进行测定，那么，需要对测定的条件进行选择，如空心阴极灯的选择、波长的选择、狭缝宽度的选择等。

【目的与要求】

(1) 掌握火焰原子吸收法工作条件的选择，测定钾的原理及方法。

(2) 熟悉工作曲线的绘制及用于含量计算。

【仪器与试剂】

原子吸收分光光度计，空气压缩机，乙炔钢瓶等。

【方案提示】

(1) 仪器及工作条件的选择：空心阴极灯种类及工作电流、狭缝宽度、波长、燃烧器高度、乙炔气流量的选择。

(2) 工作曲线的绘制。

(3) 结果计算及评价。

实验六　室内空气中甲醛和苯系化合物含量的测定

甲醛与苯系化合物是室内空气污染的主要污染物，来自装修材料及家具中。测定空气中的甲醛和苯系化合物，按国际标准有气相色谱法和紫外-可见分光光度法，在方案设计时要充分考虑室内空气的取样方法，使取样具有代表性。

【目的与要求】

(1) 掌握气体的取样方法，空气中甲醛和苯系化合物含量的计算。

(2) 了解室内空气污染物的种类、来源及危害。

【仪器与试剂】

气相色谱仪或紫外-可见分光光度计，气体取样器等。

【方案提示】

(1) 查阅关于室内空气污染物测定的文献。

(2) 气体取样的仪器及方法。

(3) 样品的制备。

(4) 工作曲线法测定。

实验七　紫草油中紫草素含量的测定

紫草油是临床治疗烧烫伤的常备外用药，出自清《疮疡大全》，文献中有医院自制紫草油的报道，处方由紫草、当归、地榆、黄芩、黄柏、甘草、白芷、冰片等多味药组成，以麻油加热提取。其药品的质量由紫草素的含量作为主要指标。

【目的与要求】

(1) 掌握中药制剂中成分的含量测定方法。
(2) 熟悉仪器测定条件的选择。

【仪器与试剂】

紫外-可见分光光度计，紫草油，紫草素标准品等。

【方案提示】

(1) 紫草油样品的处理。
(2) 测定条件的选择。
(3) 工作曲线的建立。
(4) 样品测定的计算及表达。

实验八　蔬菜、水果中维生素 C 的测定

维生素 C 可以增强抵抗力，促进胶原蛋白的合成；可以促进氨基酸中络氨酸和色氨酸的代谢，增强机体对环境的抗应激能力和免疫力。同时维生素 C 还具有抗氧化、抗自由基、抑制酪氨酸酶的形成的功能，从而达到美白、淡斑的功效。人体摄入的维生素 C 主要来自蔬菜和水果。蔬菜、水果中维生素 C 的测定在营养学上具有十分重要的意义。

【目的与要求】

(1) 掌握蔬菜、水果中维生素 C 含量测定的原理与方法。
(2) 熟悉蔬菜、水果中维生素 C 的提取分离。

【仪器与试剂】

紫外-可见分光光度计或高效液相色谱仪，维生素 C 标准品等。

【方案提示】

(1) 蔬菜、水果的样品处理。
(2) 测定条件的选择。
(3) 工作曲线的建立。
(4) 样品测定的计算及表达。

实验九　四种结构类似化合物的区分鉴定

根据以下四种物质的结构，设计紫外-可见分光光度法、红外光谱法、质谱法或核磁共振波谱法进行区分鉴定。

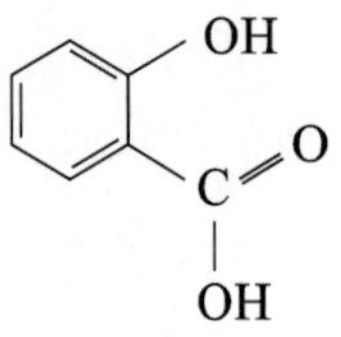

(a)水杨酸 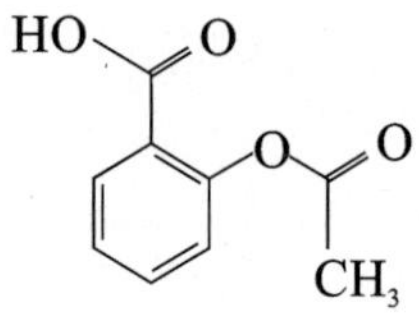　(b)阿司匹林 　(c)对氨基苯酚 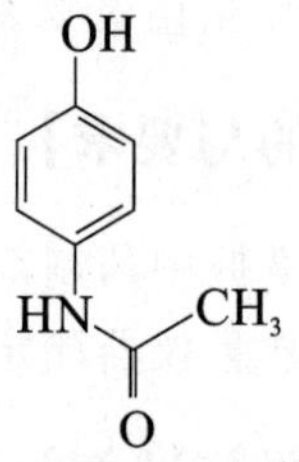　(d)对乙酰氨基酚

实验十　学生根据自己的兴趣设计实验

分析化学是一门与生产、生活紧密相关的科学，我们在生活中多观察、多发现一些问题，采用合适的分析方法可为生产实际、生活保障提供解决的途径，为创新打下基础。大家在进行创新方案设计时，首先要考虑清楚以下几个方面的内容。

（1）该课题的来源（创新、创业、社会服务等）。

（2）该课题的目的（解决哪一个实际问题?）。

（3）该课题的方案设计。

①目的与要求。

②仪器与试剂。

③操作步骤。

④结果记录与计算。

（4）效果评价。

①结果的准确度与精密度评价。

②实际问题是否解决？其应用价值如何？

③如有进一步研究的必要，下一步的工作目的是什么？

（信建豪）

NOTE

附录 A　常用玻璃仪器图例和用法

表 A-1　常用玻璃仪器图例和用法

仪　器	一般用途	使用方法和注意事项	理　由
烧杯	1. 反应容器，尤其反应物较多时用，易混合均匀。 2. 也用作配制溶液时的容器或盛水器。 3. 简易水浴的盛水器。	1. 反应液体不能超过烧杯用量的 2/3。 2. 加热时放在石棉网上，使其受热均匀。 3. 刚加热后不能直接置于桌面上，应垫以石棉网。	1. 防止搅动时液体溅出或沸腾时液体溢出。 2. 防止玻璃受热不均匀而遭破裂。
锥形瓶	1. 反应容器，加热时可避免液体大量蒸发。 2. 振荡方便，用于滴定分析的滴定操作。	同上	同上
量筒	用于粗量一定体积的液体。	1. 不能作为反应容器，不能加热，不可量热的液体。 2. 读数时视线应与液面水平，读取与弯月面最低点相切的刻度。 3. 量取 50 mL 以上误差可达 1～10 mL；量取 50 mL 以下误差在 0.1～0.5 mL。	1. 防止破裂，容积不准确。 2. 读数欠准确。
表面皿	1. 用来盖在蒸发皿、烧杯等容器上，以免溶液溅出或灰尘落入。 2. 作为称量试剂的容器（准确度要求不高时）。	1. 不能用火直接加热。 2. 作盖用时，其直径应比被盖容器略大。 3. 用于称量时应洗净烘干。	防止破裂。

NOTE

续表

仪器	一般用途	使用方法和注意事项	理由
吸量管 移液管	用于精确移取一定体积的液体。	1. 使用食指按住管口。 2. 写"吹"字的停留半分钟后应吹出，没写"吹"字的靠半分钟即可。 3. 吸管用后立即清洗，置于吸管架(板)上，以免沾污。 4. 具有精确刻度的量器，不能放在烘箱中烘干，不能加热。 5. 精密读取至±0.01 mL。	1. 确保量取准确。 2. 确保所取液体浓度或纯度不变。 3. 制管时已考虑。
容量瓶 20 ℃ 100 mL	配制标准溶液或准确稀释时用。	1. 溶质先在烧杯内全部溶解，然后移入容量瓶。 2. 不能加热和用毛刷洗刷。 3. 不能代替试剂瓶存放溶液。 4. 读取精准至±0.01 mL。 5. 不能放在烘箱内烘干。 6. 瓶的磨口瓶塞配套使用，不能互换。	1. 配制准确。 2. 避免影响容量瓶容积的精确度。
称量瓶	用于称量一定量固体。	1. 盖子是磨口配套，不得丢失、弄乱。 2. 用前应洗净烘干。不用时应洗净。 3. 不能直接用火加热。	1. 易使药品沾污。 2. 防止粘连，打不开玻璃盖。 3. 玻璃破裂。
滴管	吸取少量(数滴或 1～2 mL)试剂。	1. 溶液不得吸进橡皮头。 2. 用后立即洗净内、外管壁。	吸取少量(数滴或 1～2 mL)试剂。

NOTE

续表

仪　　器	一 般 用 途	使用方法和注意事项	理　　由
滴定管 酸式滴定管　碱式滴定管	用于滴定或准确量取一定体积的液体。	1. 滴定管要洗净，溶液流下时管壁不得挂有水珠。 2. 洗净后，装液前用预装溶液润洗 3 次。 3. 用滴定管夹夹住，固定在滴定台架上。 4. 酸式滴定管滴定时，用左手开启旋塞，碱式滴定管用左手轻捏玻璃珠右上部的乳胶管，溶液即可放出。 5. 滴定管用后应立即洗净。 6. 不能加热及量取热的液体，不能用毛刷洗涤内管壁。	1. 保证溶液浓度不变。 2. 防止将旋塞拉出而喷漏，便于操作。赶出气泡是为读数准确。 3. 旋塞旋转灵活；洗液腐蚀橡皮。
干燥器	1. 内放干燥剂。存放物品，以免物品吸收水蒸气。 2. 定量分析时，将灼烧过的坩埚放在其中冷却。	1. 灼烧过的物品放入干燥器前，温度不能过高，并在冷却过程中要每隔一定时间打开盖子，以调节器内压力。 2. 干燥器内的干燥剂应按时更换。 3. 小心盖子滑动而打破。	以保持一定相对湿度。
洗瓶	1. 用于蒸馏水洗涤沉淀和容器。 2. 塑料洗瓶使用方便卫生。 3. 装洗涤液，洗涤沉淀。	1. 不能装自来水。 2. 塑料洗瓶不能加热。	
滴瓶	盛放液体试剂和溶液。	1. 不能加热。 2. 棕色瓶盛放见光易分解或不稳定的试剂。 3. 取用试剂时，滴管要保持垂直，不接触接收容器内壁，不能插入其他试剂中。	

NOTE

续表

仪　　器	一 般 用 途	使用方法和注意事项	理　　由
试剂瓶 细口瓶 广口瓶	1. 细口瓶盛放液体试剂和溶液。 2. 广口瓶盛放固体试剂。	1. 不能直接加热。 2. 取用试剂时，瓶盖应倒放在桌上，不能弄脏、弄乱。 3. 有磨口塞的试剂瓶不用时应洗净，并在磨口处垫上纸条。 4. 盛放碱液时用橡皮塞，防止瓶塞被腐蚀粘牢。 5. 有色瓶盛见光易分解或不太稳定的物质的溶液或液体。	1. 防止破裂。 2. 防止沾污。 3. 防止粘连，不易打开。 4. 防止碱液与玻璃作用，使塞子打不开。 5. 防止物质分解或变质。
吸滤瓶和布氏漏斗	两者配套，用于无机制备中晶体或粗颗粒沉淀的减压过滤。当沉淀量少时，用小号漏斗与过滤管配合使用。	1. 滤纸要略小于漏斗的内径，才能贴紧。 2. 先开抽气管，再过滤。先分开抽气管与抽滤瓶的连接处，后关抽气管。 3. 不能用火直接加热。 4. 漏斗与滤瓶大小配合。 5. 漏斗大小与过滤的沉淀或晶体量的配合。	1. 防止滤液由边上漏出，过滤不完全。 2. 防止抽气管水流倒吸。 3. 防止玻璃破裂。
漏斗 60° 3～5 mm 15～20 mm 45°	1. 过滤。 2. 引导溶液入小口容器中。 3. 粗颈漏斗用于转移固体。	1. 不能用火直接灼烧。 2. 过滤时，漏斗颈尖端必须紧靠承接滤液的容器壁。 3. 长颈漏斗加液时斗颈应插入液面内。	1. 防止破裂。 2. 防止滤液漏出。 3. 防止气体自漏斗泄出。

续表

仪　　器	一 般 用 途	使用方法和注意事项	理　　由
分液漏斗	1. 用于液体分离、洗涤和萃取。 2. 气体发生器装置中加液用。	1. 不能加热。 2. 使用前，将活塞涂一薄层凡士林，插入转动直至透明。如凡士林少了，会造成漏液；太多，则会溢出沾污仪器和试液。 3. 分液时，下层液体从漏斗管流出，上层液体从上口倒出。 4. 漏斗间活塞应用细绳系于漏斗颈上，防止滑出跌碎。 5. 萃取时，振荡初期应放气数次，以免漏斗内气压过大。	1. 防止玻璃破裂。 2. 旋塞旋转灵活，又不漏水。 3. 防止分离不清。 4. 防止气体自漏斗管喷出。

（李云兰）

NOTE

附录 B　常用式量表

（以 2005 年公布的相对原子质量计算）

表 B-1　常用式量表

分　子　式	相对分子质量	分　子　式	相对分子质量
$AgBr$	187.77	$H_4C_{10}H_{12}O_8N_2$（乙二胺四乙酸）	292.25
$AgCl$	143.32	H_2CO_3	62.03
AgI	234.77	$H_2C_2O_4$（草酸）	90.04
$AgNO_3$	169.87	$H_2C_2O_4 \cdot 2H_2O$（二水草酸）	126.07
Al_2O_3	101.96	HCl	36.46
$Al(OH)_3$	78.00	$HClO_4$	100.46
$Al_2(SO_4)_3 \cdot 18H_2O$	666.43	HNO_3	63.01
As_2O_3	197.84	H_2O	18.02
$BaCO_3$	197.34	HI	127.91
$BaCl_2 \cdot 2H_2O$	244.26	H_3PO_4	97.995
BaO	153.33	H_2S	34.08
$Ba(OH)_2 \cdot 8H_2O$	315.47	H_2SO_4	98.08
$BaSO_4$	233.39	I_2	253.81
$CaCO_3$	100.09	$H_2C_4H_4O_6$（酒石酸）	150.09
$CaC_2O_4 \cdot H_2O$	146.11	$KAl(SO_4) \cdot 12H_2O$	474.39
$CaCl$	110.98	KBr	119.00
CaO	56.08	$KBrO_3$	167.00
$Ca(OH)_2$	74.09	K_2CO_3	138.21
CO_2	44.01	$K_2C_2O_4 \cdot H_2O$	184.23
CuO	79.55	KCl	74.55
$Cu(OH)_2$	97.56	$KClO_4$	138.55
Cu_2O	143.09	K_2CrO_4	194.19
$CuSO_4 \cdot 5H_2O$	249.69	$K_2Cr_2O_7$	294.19
$FeCl_2$	126.75	$KHC_8H_4O_4$（邻苯二甲酸氢钾）	204.22
$FeCl_3$	162.21	KH_2PO_4	136.09
FeO	71.85	K_2HPO_4	174.18
Fe_2O_3	159.69	$KHSO_4$	136.17
$Fe(OH)_3$	106.87	KI	166.00
$FeSO_4 \cdot 7H_2O$	278.02	H_3AsO_4	141.94
$FeSO_4 \cdot (NH_4)_2SO_4 \cdot 6H_2O$	392.14	H_3BO_3	61.83

续表

分　子　式	相对分子质量	分　子　式	相对分子质量
HBr	80.91	$KMnO_4$	158.03
$HBrO_3$	128.91	KNO_3	101.10
$HC_2H_3O_2$（醋酸）	60.05	KOH	56.11
HCN	27.03	K_3PO_4	212.27
K_2SO_4	174.260	KSCN	97.18
$K(SbO)C_4H_4O_6 \cdot 1/2H_2O$（酒石酸锑钾）	333.928	$Na_2CO_3 \cdot 10H_2O$	386.14
		$Na_2C_2O_4$	134.00
$MgCO_3$	84.314	NaCl	58.44
$MgCl_2$	95.211	$Na_2H_2C_{10}H_{12}O_8N_2 \cdot 2H_2O$（EDTA 二钠二水合物）	372.24
$MgNH_4PO_4 \cdot 6H_2O$	245.407		
MgO	40.304	$NaHCO_3$	84.01
$Mg(OH)_2$	58.320	$NaHC_2O_4 \cdot H_2O$	130.03
Mg_2P_2O	222.553	$NaH_2PO_4 \cdot 2H_2O$	156.01
$MgSO_4$	120.369	$Na_2HPO_4 \cdot 12H_2O$	358.14
$MgSO_4 \cdot 7H_2O$	246.476	$NaNO_3$	84.995
NH_3	17.031	Na_2O	61.98
NH_4Br	97.948	NaOH	39.997
$(NH_4)CO_3$	96.081	$Na_2SO_4 \cdot 10H_2O$	322.20
NH_4Cl	53.492	$Na_2S_2O_3$	158.11
NH_4F	37.037	$Na_2S_2O_3 \cdot 5H_2O$	248.19
NH_4OH	35.046	P_2O_5	141.95
$(NH_4)_3PO_4 \cdot 12MoO_3$	1876.350	PbO_2	239.20
NH_4SCN	76.122	$PbSO_4$	303.26
$(NH_4)_2SO_4$	132.141	SO_2	64.07
NO_2	45.006	SO_3	80.06
NO_3	62.004	SiO_2	60.09
$Na_2B_4O_7 \cdot 10H_2O$	381.372	ZnO	81.39
NaBr	102.894	$Zn(OH)_2$	99.40
Na_2CO_3	105.989	$ZnSO_4$	161.46
KIO_3	214.00	$ZnSO_4 \cdot 7H_2O$	287.56

（李云兰）

NOTE

附录C　国际原子量表

（按照原子序数排列，以$^{12}C=12$为基准）

表 C-1　国际原子量表

元素			原子序	相对原子质量	元素			原子序	相对原子质量
符号	名称	英文名			符号	名称	英文名		
H	氢	Hydrogen	1	1.00794(7)	Zn	锌	Zinc	30	65.409(4)
He	氦	Helium	2	4.002602(2)	Ga	镓	Gallium	31	69.723(1)
Li	锂	Lithium	3	6.941(2)	Ge	锗	Germanium	32	72.64(1)
Be	铍	Beryllium	4	9.012182(3)	As	砷	Arsenic	33	74.92160(2)
B	硼	Boron	5	10.811(7)	Se	硒	Selenium	34	78.96(3)
C	碳	Carbon	6	12.0107(8)	Br	溴	Bromine	35	79.904(1)
N	氮	Nitrogen	7	14.0067(2)	Kr	氪	Krypton	36	83.798(2)
O	氧	Oxygen	8	15.9994(3)	Rb	铷	Rubidium	37	85.4678(3)
F	氟	Fluorine	9	18.9984032(5)	Sr	锶	Strontium	38	87.62(1)
Ne	氖	Neon	10	20.1797(6)	Y	钇	Yttrium	39	88.90585(2)
Na	钠	Sodium	11	22.98976928(2)	Zr	锆	Zirconium	40	91.224(2)
Mg	镁	Magnesium	12	24.3050(6)	Nb	铌	Niobium	41	92.90638(2)
Al	铝	Aluminum	13	26.9815386(8)	Mo	钼	Molybdenium	42	95.94(2)
Si	硅	Silicon	14	28.0855(3)	Tc	锝	Technetium	43	[98]
P	磷	Phosphorus	15	30.973762(2)	Ru	钌	Ruthenium	44	101.07(2)
S	硫	Sulphur	16	32.065(5)	Rh	铑	Rhodium	45	102.90550(2)
Cl	氯	Chlorine	17	35.453(2)	Pd	钯	Palladium	46	106.42(1)
Ar	氩	Argon	18	39.948(1)	Ag	银	Silver	47	107.8682(2)
K	钾	Potassium	19	39.0983(1)	Cd	镉	Cadmium	48	112.411(8)
Ca	钙	Calcium	20	40.078(4)	In	铟	Indium	49	114.818(3)
Sc	钪	Scandium	21	44.955912(6)	Sn	锡	Tin	50	118.710(7)
Ti	钛	Titanium	22	47.867(1)	Sb	锑	Antimony	51	121.760(1)
V	钒	Vanadium	23	50.9415(1)	Te	碲	Tellurium	52	127.60(3)
Cr	铬	Chromium	24	51.9961(6)	I	碘	Iodine	53	126.90447(3)
Mn	锰	Manganese	25	54.938045(5)	Xe	氙	Xenon	54	131.293(6)
Fe	铁	Iron	26	55.845(2)	Cs	铯	Caesium	55	132.9054519(2)
Co	钴	Cobalt	27	58.933195(5)	Ba	钡	Barium	56	137.327(7)
Ni	镍	Nickel	28	58.6934(2)	La	镧	Lanthanum	57	138.90547(7)
Cu	铜	Copper	29	63.546(3)	Ce	铈	Cerium	58	140.116(1)

NOTE

续表

元素			原子序	相对原子质量	元素			原子序	相对原子质量
符号	名称	英文名			符号	名称	英文名		
Pr	镨	Praseodymium	59	140.90765(2)	Ac	锕	Actinium	89	[227]
Nd	钕	Neodymium	60	144.242(3)	Th	钍	Thorium	90	232.03806(2)
Pm	钷	Promethium	61	[145]	Pa	镤	Protactinium	91	231.03588(2)
Sm	钐	Samarium	62	150.36(2)	U	铀	Uranium	92	238.02891(3)
Eu	铕	Europium	63	151.964(1)	Np	镎	Neptunium	93	[237]
Gd	钆	Gadolinium	64	157.25(3)	Pu	钚	Plutonium	94	[244]
Tb	铽	Terbium	65	158.92535(2)	Am	镅	Americium	95	[243]
Dy	镝	Dysprosium	66	162.500(1)	Cm	锔	Curium	96	[247]
Ho	钬	Holmium	67	164.93032(2)	Bk	锫	Berkelium	97	[247]
Er	铒	Erbium	68	167.259(3)	Cf	锎	Californium	98	[251]
Tm	铥	Thulium	69	168.93421(2)	ES	锿	Einsteinium	99	[252]
Yb	镱	Ytterbium	70	173.04(3)	Fm	镄	Fermium	100	[257]
Lu	镥	Lutetium	71	174.967(1)	Md	钔	Mendelevium	101	[258]
Hf	铪	Hafnium	72	178.49(2)	No	锘	Nobelium	102	[259]
Ta	钽	Tantalum	73	180.94788(2)	Lr	铹	Lawrencium	103	[262]
W	钨	Tungsten	74	183.84(1)	Rf		Rutherfordium	104	[267]
Re	铼	Rhenium	75	186.207(1)	Db		Dubnium	105	[268]
Os	锇	Osmium	76	190.23(3)	Sg		Seaborgium	106	[271]
Ir	铱	Iridium	77	192.217(3)	Bh		Bohrium	107	[272]
Pt	铂	Platinum	78	195.084(9)	Hs		Hassium	108	[270]
Au	金	Gold	79	196.966569(4)	Mt		Meitnerium	109	[276]
Hg	汞	Mercury	80	200.59(2)	Ds		Darmstadtium	110	[281]
Tl	铊	Thallium	81	204.3833(2)	Rg		Roentgenium	111	[280]
Pb	铅	Lead	82	207.2(1)	Uub		Ununbium	112	[285]
Bi	铋	Bismuth	83	208.98040(1)	Uut		Ununtrium	113	[284]
Po	钋	Polonium	84	[209]	Uuq		Ununquadium	114	[289]
At	砹	Astaine	85	[210]	Uup		Ununpentium	115	[288]
Rn	氡	Radon	86	[222]	Uuh		Ununhexium	116	[293]
Fr	钫	Fracium	87	[223]	Uuo		Ununoctium	118	[294]
Ra	镭	Radium	88	[226]					

注：录自2005年国际原子量表(IUPAC Commission of Atomic Weights and Isotopic Abundances. Atomic Weights of the Elements 2005. Pure Appl. Chem.,2006,78:2051-2066)。( )表示最后一位的不确定性，[ ]中的数值为没有稳定同位素元素的半衰期最长同位素的质量数。

(韦国兵)

附录 D　常用基准物的干燥条件和应用

表 D-1　常用基准物的干燥条件和应用

基准物		干燥条件	干燥后的组成	标定对象
名　称	分子式			
碳酸钠	$Na_2CO_3 \cdot 10H_2O$	270～300 ℃	Na_2CO_3	酸
硼砂	$Na_2B_4O_7 \cdot 10H_2O$	装有氯化钠和蔗糖饱和溶液的干燥器	$Na_2B_4O_7 \cdot 10H_2O$	酸
邻苯二甲酸氢钾	$KHC_8H_4O_4$	105～110 ℃	$KHC_8H_4O_4$	碱/$HClO_4$
草酸	$H_2C_2O_4 \cdot 2H_2O$	室温、空气干燥	$H_2C_2O_4 \cdot 2H_2O$	碱/$KMnO_4$
苯甲酸	$C_7H_6O_2$	硫酸、真空干燥器	$C_7H_6O_2$	CH_3ONa
锌	Zn	室温、干燥器	Zn	EDTA
氧化锌	ZnO	800 ℃	ZnO	EDTA
三氧化二砷	As_2O_3	室温、干燥器	As_2O_3	氧化剂
重铬酸钾	$K_2Cr_2O_7$	140～150 ℃	$K_2Cr_2O_7$	还原剂
草酸钠	$Na_2C_2O_4$	130 ℃	$Na_2C_2O_4$	$KMnO_4$
对氨基苯磺酸	$C_6H_7O_3NS$	120 ℃	$C_6H_7O_3NS$	$NaNO_2$
氯化钠	NaCl	500～600 ℃	NaCl	$AgNO_3$
硝酸银	$AgNO_3$	280～290 ℃	$AgNO_3$	NaCl

（魏芳弟）

附录 E　常用酸碱的密度和浓度

表 E-1　常用酸碱的密度和浓度

试剂名称	相对密度	浓度/(%)	浓度/($mol \cdot L^{-1}$)
氨水	0.88～0.90	25.0～28.0	12.9～14.8
醋酸	1.04	36.0～37.0	6.2～6.4
冰醋酸	1.05	99.8(GR)/9.5(AR)/99.0(CP)	17.4
氢氟酸	1.13	40.0	22.5
盐酸	1.18～1.19	36～38	11.6～12.4
硝酸	1.39～1.40	65～68	14.4～15.2
高氯酸	1.68	70.0～72.0	11.7～12.0
磷酸	1.69	85.0	14.6
硫酸	1.83～1.84	95～98	17.8～18.4

（韦国兵）

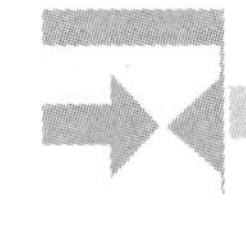

附录F 常用缓冲溶液的配制

表 F-1 常用缓冲溶液的配制

缓冲溶液组成	pH	配制方法
磷酸盐缓冲溶液(PBS)	2.0	甲液:取磷酸 16.6 mL,加水至 1000 mL,摇匀。 乙液:取磷酸氢二钠 71.63 g,加水使其溶解成 1000 mL。 取上述甲液 72.5 mL 与乙液 27.5 mL 混合,摇匀,即得。
	2.5	取磷酸二氢钾 100 g,加水 800 mL,用盐酸调节 pH 至 2.5,用水稀释至 1000 mL。
	5.0	取 0.2 $mol \cdot L^{-1}$ 磷酸二氢钠溶液一定量,用氢氧化钠试液调节 pH 至 5.0,即得。
	6.5	取磷酸二氢钾 0.68 g,加 0.1 $mol \cdot L^{-1}$ 氢氧化钠溶液 15.2 mL,用水稀释至 100 mL,即得。
	7.0	取磷酸二氢钾 0.68 g,加 0.1 $mol \cdot L^{-1}$ 氢氧化钠溶液 29.1 mL,用水稀释至 100 mL,即得。
	7.4	取磷酸二氢钾 1.36 g,加 0.1 $mol \cdot L^{-1}$ 氢氧化钠溶液 79 mL,用水稀释至 200 mL,即得。
	7.8	甲液:取磷酸氢二钠 35.9 g,加水溶解,并稀释至 500 mL。 乙液:取磷酸二氢钠 2.76 g,加水溶解,并稀释至 100 mL。 取上述甲液 91.5 mL 与乙液 8.5 mL 混合,摇匀,即得。
醋酸盐缓冲溶液	3.5	取醋酸铵 25 g,加水 25 mL 溶解后,加 7 $mol \cdot L^{-1}$ 盐酸 38 mL,用 2 $mol \cdot L^{-1}$ 盐酸或 5 $mol \cdot L^{-1}$ 氨溶液准确调 pH 至 3.5,用水稀释至 100 mL,即得。
	4.5	取醋酸钠 18 g,加冰醋酸 9.8 mL,再加水稀释至 1000 mL,即得。
	6.0	取醋酸钠 54.6 g,加 1 $mol \cdot L^{-1}$ 醋酸溶液 20 mL 溶解后,加水稀释至 500 mL,即得。
三羟甲基氨基甲烷(Tris)缓冲溶液	8.0	取 Tris 12.14 g,加水 800 mL,搅拌溶解,并稀释至 1000 mL,用 6 $mol \cdot L^{-1}$ 盐酸调节 pH 至8.0,即得。
	9.0	取 Tris 6.06 g,加盐酸赖氨酸 3.65 g、氯化钠 5.8 g、乙二胺四醋酸二钠 0.37 g,再加水溶解使成 1000 mL,调节 pH 至 9.0,即得。
氨-氯化铵缓冲溶液	8.0	取氯化铵 1.07 g,加水使其溶解成 100 mL,再加稀氨溶液调节 pH 至 8.0,即得。
	10.0	取氯化铵 5.4 g,加水 20 mL 溶解后,加浓氨溶液 35 mL,再加水稀释至 100 mL,即得。

（魏芳弟）

NOTE

附录G 常用指示剂

表 G-1 酸碱指示剂

指示剂	变色范围 pH	颜色		pK_{In}	浓度(溶剂)	用量 滴/10 mL
		酸式色	碱式色			
百里酚蓝	1.2～2.8	红	黄	1.6	0.1%(20%乙醇)	1～2
甲基黄	2.9～4.0	红	黄	3.2	0.1%(90%乙醇)	1
甲基橙	3.1～4.4	红	黄	3.4	0.05%(水)	1
溴酚蓝	3.1～4.6	黄	紫	4.1	0.1%(20%乙醇或其钠盐水)	1
溴甲酚绿	3.8～5.4	黄	蓝	4.9	0.1%(乙醇)	1
甲基红	4.4～6.2	红	黄	5.1	0.1%(60%乙醇或其钠盐水)	1
溴百里酚蓝	6.0～7.6	黄	蓝	7.3	0.1%(20%乙醇或其钠盐水)	1
中性红	6.8～8.0	红	黄橙	7.4	0.5%(水)	1
酚红	6.7～8.4	黄	红	8.0	0.1%(乙醇)	1
酚酞	8.0～9.6	无	红	9.1	0.5%(90%乙醇)	1～3
百里酚酞	9.4～10.6	无	蓝	10.0	0.1%(20%乙醇)	1～2

表 G-2 混合酸碱指示剂

混合指示剂的组成	变色点 pH	变色情况		备注
		酸色	碱色	
一份 0.1%甲基黄乙醇溶液 一份 0.1%次甲基蓝乙醇溶液	3.2	蓝紫	绿	pH 3.4 绿色, pH 3.2 蓝紫色
一份 0.1%甲基橙水溶液 一份 0.25%靛蓝二磺酸钠水溶液	4.1	紫	黄绿	pH 4.1 灰色
三份 0.1%溴甲酚绿乙醇溶液 一份 0.2%甲基红乙醇溶液	5.1	酒红	绿	颜色变化显著
一份 0.1%溴甲酚绿钠盐水溶液 一份 0.1%氯酚红钠盐水溶液	6.1	黄绿	蓝紫	pH 5.4 蓝绿色,pH 5.8 蓝色, pH 6.0 蓝带紫,pH 6.2 蓝紫
一份 0.1%中性红乙醇溶液 一份 0.1%次甲基蓝乙醇溶液	7.0	蓝紫	绿	pH 7.0 蓝紫色
一份 0.1%甲酚红钠盐水溶液 三份 0.1%百里酚蓝钠盐水溶液	8.3	黄	紫	pH 8.2 玫瑰色, pH 8.4 清晰的紫色
一份 0.1%百里酚蓝 50%乙醇液液 三份 0.1%酚酞 50%乙醇溶液	9.0	黄	紫	pH 9.0 绿色
两份 0.1%百里酚酞乙醇溶液 一份 0.1%茜素黄乙醇溶液	10.2	黄	紫	

表 G-3　金属离子指示剂

指示剂	pH 范围	颜色变化		直接滴定的离子	干扰离子	掩蔽剂
		MIn	In			
铬黑 T (EBT)	7～10	红	蓝	Mg^{2+}、Zn^{2+}、Cd^{2+}、Pb^{2+}、Mn^{2+}、稀土	Al^{3+}、Fe^{3+}、Cu^{2+}、Co^{2+}、Ni^{2+}	三乙醇胺 NH_4F
二甲酚橙 (XO)	<6	紫红	亮黄	pH<1 ZrO^{2+} pH 1～3 Bi^{3+}、Th^{4+} pH 5～6 Zn^{2+}、Pb^{2+}、Cd^{2+}、Hg^{2+}、稀土	Fe^{3+} Al^{3+} Cu^{2+}、Co^{2+}、Ni^{2+}	NH_4F 返滴定法 邻二氮菲
吡啶偶氮萘酚 (PAN)	2～12	红	黄	pH 2～3 Bi^{3+}、Th^{4+} pH 4～6 Cu^{2+}、Ni^{2+}		
钙指示剂 (NN)	10～13	酒红	纯蓝	Ca^{2+}		

表 G-4　氧化还原指示剂

指示剂	$\varphi^{\theta'}_{In_{Ox}/In_{Red}}$ /V pH=0	颜色变化	
		Red 色	Ox 色
亚甲蓝(methylene blue)	0.36	无色	绿蓝色
二苯胺磺酸钠(diphenylamine sodium sulfonate)	0.84	无色	紫红色
羊毛罂红(erioglaucine)	1.00	绿色	红色
邻二氮菲亚铁(1,10-phenanthroline-ferrous complex ion)	1.06	红色	浅蓝色
5-硝基邻二氮菲-Fe(Ⅱ) (5-nitro-1,10-phenanthroline-ferrous complex ion)	1.25	紫红色	浅蓝色

表 G-5　沉淀滴定法常用吸附指示剂

指示剂名称	待测离子	滴定剂	适用 pH 范围
荧光黄	Cl^-	Ag^+	pH 7～10(常用 7～8)
二氯荧光黄	Cl^-	Ag^+	pH 4～10(常用 5～8)
曙红	Br^-、I^-、SCN^-	Ag^+	pH 2～10(常用 3～8)
甲基紫	Ag^+、SO_4^{2-}	Cl^-、Ba^{2+}	pH 1.5～3.5
橙黄素Ⅳ 氨基苯磺酸 溴酚蓝	Cl^-、I^-混合液及生物碱	Ag^+	微酸性
二甲基二碘荧光黄	I^-	Ag^+	中性

(魏芳弟)

参考文献

[1] 柴逸峰,邸欣.分析化学[M].8版.北京:人民卫生出版社,2016.
[2] 杭太俊.药物分析[M].8版.北京:人民卫生出版社,2016.
[3] 严拯宇,杜迎翔.分析化学实验与指导[M].3版.北京:中国医药科技出版社,2015.
[4] 池玉梅.分析化学实验[M].北京:中国医药科技出版社,2018.
[5] 邸欣.分析化学实验指导[M].4版.北京:人民卫生出版社,2016.
[6] 武汉大学.分析化学实验[M].5版.北京:高等教育出版社,2011.
[7] 衷友泉.中医药基础化学实验[M].北京:中国协和医科大学出版社,2017.
[8] 李发美.分析化学[M].7版.北京:人民卫生出版社,2012.
[9] 方惠群,于俊生,史坚.仪器分析[M].北京:科学出版社,2002.
[10] 池玉梅.分析化学实验[M].武汉:华中科技大学出版社,2016.
[11] 韩修林.中医药基础化学实验[M].北京:中国协和医科大学出版社,2009.
[12] 曾元儿.分析化学实验[M].北京:科学出版社,2007.
[13] 国家药典委员会.中华人民共和国药典(2015版)[S].北京:中国医药科技出版社,2015.
[14] 王秀奇,秦淑媛,高天慧,等.基础生物化学实验[M].2版.北京:高等教育出版社,1996.
[15] 郭勇.现代生化技术[M].2版.北京:科学出版社,2005.
[16] 沈敏.法医毒物分析实验指导[M].2版.北京:人民卫生出版社,2016.
[17] 廖林川.法医毒物分析[M].5版.北京:人民卫生出版社,2016.
[18] 王淑美.分析化学实验[M].2版.北京:中国中医药出版社,2013.
[19] 华中师范大学,陕西师范大学,东北师范大学,等.分析化学[M].4版.北京:高等教育出版社,2012.
[20] 王新宏.分析化学实验[M].北京:科学出版社,2009.
[21] 李莉.分析化学实验[M].哈尔滨:哈尔滨工业大学出版社,2016.
[22] 杨根元.实用仪器分析[M].4版.北京:北京大学出版社,2010.
[23] 郭兴杰.分析化学[M].3版.北京:科学出版社,2016.
[24] 彭崇慧,冯建章,张锡瑜.分析化学[M].3版.北京:北京大学出版社,2009.
[25] 高金波,吴红.分析化学[M].8版.北京:中国医药出版社,2016.
[26] 胡琴,许贯虹.大学化学实验[M].北京:化学工业出版社,2014.

NOTE